V

GARDE RÉPUBLICAINE.

INSTRUCTION

SUR LE SERVICE

DE LA GARDE RÉPUBLICAINE.

Prix : 1 fr. 50 c.

PARIS.

LÉAUTEY, IMPRIMEUR-LIBRAIRE DE LA GARDE RÉPUBLICAINE,
Rue Saint-Guillaume, 21.

1850.

AVERTISSEMENT.

En l'absence d'un réglement spécial sur le service du corps, cette instruction, qui résume tous les ordres et décisons donnés jusqu'à ce jour sur toutes les parties du service journalier de la garde républicaine, a paru le moyen le plus efficace de faciliter aux militaires de tous grades l'accomplissement ponctuel des obligations qui leur sont imposées, suivant la nature des différents services auxquels ils sont appelés à concourir.

Pour tout ce qui n'est pas prévu dans cette instruction, on se conformera à l'ordonnance du 29 octobre 1820 sur le service de la gendarmerie, aux réglements sur le service intérieur des troupes à pied et à cheval, relativement aux dispositions qui peuvent, sans inconvénient, s'appliquer au service de l'arme.

INSTRUCTION

LE SERVICE DE LA GARDE RÉPUBLICAINE.

CHAPITRE 1er.

ART. 1er.

1° Le lieutenant colonel dirige tous les détails du service et de l'instruction des deux armes, à laquelle il donne une marche suivie et régulière.

2° Il soumet à l'approbation du colonel le tableau de travail du corps et les modifications nécessitées à ce tableau dans le cours de chaque saison.

Lieutenant colonel.

3° Toutes les demandes et rapports concernant les militaires du corps lui sont transmis par les chefs d'escadron.

4° Il visite les casernes, lorsqu'il le juge à propos, pour s'assurer de leur -bonne tenue, fait rassembler les piquets et les inspecte, ainsi que les gardes de police. Si cette visite a lieu à l'heure du rapport, il y est remplacé par le chef d'escadron de semaine.

5° Il fait tenir, par le capitaine adjudant-major chargé de la direction du service du corps, le registre des ordres du corps, dont il surveille l'exécution. Tous les ordres qu'il donne pour l'exécution du service le sont toujours au nom du colonel.

6° Il s'assure de la bonne tenue des registres d'ordres, de punitions, livres d'ordinaire, livres de service des sous-officiers de semaine, et carnets de décisions des compagnies et escadrons.

7° Il s'assure également de celle des registres d'ordres et carnets de décisions des adjudants.

8° Il tient le registre du personnel des officiers, sur lequel il inscrit les punitions encourues, et ses notes sur chacun d'eux, à la fin de chaque semestre.

9° Le double du tableau d'avancement aux différents grades reste entre ses mains.

10° Il alterne pour les rondes des postes avec les chefs d'escadron.

11° Il assiste tous les jours au rapport, excepté le dimanche.

12° Il remplace, dans le commandement du corps, le colonel absent.

13° Lorsque le lieutenant colonel est absent, il est remplacé au rapport par le chef d'escadron de semaine. Dans ce dernier cas, les officiers supérieurs communiquent directement avec le colonel, et lui adressent les pièces et rapports concernant le service.

14° Le dimanche au matin, il adresse au colonel, après les avoir visés et avec ses observations, les rapports du chef d'escadron et de l'adjudant-major de semaine, qui doivent lui parvenir le dimanche au matin.

ART. 2.

1° Le chef d'escadron est responsable de l'instruction théorique et pratique des officiers, sous-officiers et gardes de son bataillon ou escadron; il surveille

Chef d'escadron.

la discipline, le service, la tenue, dirige l'instruction pratique des différentes écoles de peloton, de bataillon ou escadron.

2° Il passe, lorsque l'ordre en est donné, une revue de détail des effets, et demande les remplacements ou réparations nécessaires ; il s'assure, dans sa revue, que l'armement soit en bon état ; il vérifie tous les mois la tenue des livres d'ordinaire, des livres d'ordres, carnets de décisions, registres de punitions et livres de service des sous-officiers de semaine de son bataillon ou escadron.

3° Toutes les demandes ou rapports concernant les militaires placés sous ses ordres lui sont transmis par les capitaines commandants ; il inscrit son opinion motivée sur ces demandes, après s'être assuré de la régularité et du nombre de pièces qui doivent les accompagner, et les transmet au lieutenant colonel.

4° Les chefs d'escadron sont commandés de semaine, de service, de détachement et de ronde dans les postes, ainsi qu'il est expliqué ci-après.

ART. 3.

Service de semaine.

1° Un chef d'escadron est commandé, à tour de rôle, pour le service de semaine, il assiste au rapport tous les jours, excepté le dimanche, à moins qu'il n'en soit dispensé par le lieutenant colonel : dans ce cas, il se rend dans la caserne qu'il a l'intention de visiter, principalement à l'appel du matin, afin d'inspecter les compagnies et les hommes de service ; il fait exercer la garde au maniement d'armes avant de la faire défiler. Il visite ensuite les chambres, cuisines, salles de police, écuries et infirmeries des chevaux ; il assiste de temps en temps au défilé des gardes de théâtre, qu'il inspecte s'il le juge à propos, il fait réunir les piquets, afin de s'assurer de la présence des officiers qui les commandent et de la promptitude à prendre les armes.

Le chef d'escadron de cavalerie assiste de temps à autre à la distribution des fourrages, et en rend compte au colonel.

2° Le dimanche matin, il adresse au lieutenant colonel, par la voie des adjudants, un rapport sur son service de semaine, avec ses observations sur les irrégularités qu'il a remarquées ou rectifiées ; il y joint le rapport du capitaine adjudant-major de semaine, qui a dû lui parvenir dans la soirée du samedi.

ART. 4.

Service de détachement.

1° Les chefs d'escadron des deux armes roulent entre eux, à tour de rôle, pour ce service.

2° Le chef d'escadron de service de détachement adresse au colonel un rapport sur son service ; il y joint les rapports des capitaines et lieutenants, placés sous ses ordres, qui doivent lui parvenir aussitôt après la rentrée des détachements dans les casernes.

ART. 5.

Service de ronde des postes.

1° Le lieutenant colonel et les chefs d'escadron des deux armes roulent ensemble, à tour de rôle, pour ce service ; ils sont commandés par le colonel et par lettre close.

2° Un officier supérieur est commandé par semaine ; il visite les postes compris dans la division qui lui est indiquée d'après le tableau des rondes ; il s'assure de la bonne tenue des officiers, sous-officiers et gardes de service, du bon état des armes et des cartouches, de la promptitude des factionnaires à crier :

Aux armes! et de celle des chefs de poste à les faire prendre, de la propreté des postes ; qu'en hiver la température ne soit point trop élevée, et qu'en été les postes soit aérés.

3° Il adresse au colonel un rapport sur son service.

ART. 6.

1° En l'absence d'un chef d'escadron, il est remplacé par le capitaine le plus ancien de son bataillon ou des escadrons, y compris le capitaine adjudant-major. *Cas d'absence.*

2° Ce remplacement n'a lieu que pour les prises d'armes générales, et pour la signature des différentes pièces et rapports, qui doivent parvenir au colonel par la voie hiérarchique;

3° Le capitaine remplaçant un chef d'escadron n'est dispensé d'aucune des fonctions ni services de son grade.

ART. 7.

1° Le major est membre et rapporteur du conseil d'administration : il en partage la responsabilité. Il est spécialement chargé de surveiller et de contrôler toutes les parties de l'administration et de la comptabilité du corps : il exerce, à l'égard des commandants de compagnie et d'escadron, de l'officier d'habillement et d'armement et du trésorier, les droits du conseil ; il partage, dans les cas prévus par les réglements d'administration, la responsabilité des officiers comptables. Les écoles et le casernement sont sous sa direction spéciale ; il pourvoit à tous les besoins concernant ces deux services. *Chef d'escadron major.*

2° Il est chargé de la correspondance relative au recrutement du corps et aux poursuites à exercer contre les déserteurs ; enfin, il se conforme aux dispositions des réglements du service intérieur des troupes à pied et à cheval pour tout ce qui est du ressort de ses attributions.

3° Le major absent est remplacé par un capitaine commandant une compagnie ou un escadron ou par un capitaine adjudant-major propre aux fonctions de major. *Cas d'absence.*

En aucun cas, il ne peut être remplacé par le trésorier, ni par l'officier d'habillement.

ART. 8.

1° Le capitaine doit s'attacher à connaître le caractère et l'intelligence de ses subordonnés, afin de les traiter en toutes circonstances avec une justice éclairée ; il doit leur rendre facile la pratique de leurs devoirs par ses conseils et par une constante sollicitude pour leur bien-être ; il est responsable de l'instruction municipale et militaire, de la discipline et de la tenue des hommes de sa compagnie ou escadron, *Capitaine.*

2° La gestion de l'ordinaire, la masse individuelle et les soins à donner aux chevaux, doivent être l'objet d'une attention constante de sa part. Il surveille avec soin toutes les opérations de comptabilité et la tenue de tous les registres, qu'il vérifie et arrête tous les trimestres ; il s'assure que la solde est faite exactement à ses subordonnés, fait passer tous les mois, par les lieutenants de peloton ou de section, une revue générale des effets, et en passe une lui-même à la fin de chaque trimestre ; enfin, il se conforme aux prescriptions qui lui sont applicables dans la présente instruction.

3° Les capitaines sont commandés de service de police, de détachement, de ronde de postes, de théâtres, de visite d'hôpital et de distribution, dans l'ordre suivant :

ART. 9.

1° Les capitaines des deux armes alternent ensemble, par caserne, pour ce service, qui est réglé sur trois tours, c'est-à-dire que, dans les casernes où il y a moins de trois capitaines, les fonctions de capitaine de police sont remplies par le plus ancien des lieutenants de semaine pendant un ou deux tours, selon qu'il n'y a que deux ou un capitaine présents dans la caserne.

2° Dans chaque caserne, le capitaine de police est chargé et responsable de tous les détails du service; il ne peut s'absenter sans en avoir obtenu l'autorisation du chef d'escadron de semaine, à moins que ce ne soit pour un service commandé. Dans tous les cas, il est remplacé par le plus ancien des officiers de semaine. Il se fait rendre compte, par l'adjudant, de tous les ordres donnés, de tous les services commandés, afin de pouvoir ordonner les dispositions nécessaires pour en assurer la complète exécution.

3° À cet effet, il se fait représenter, par l'adjudant, le carnet des décisions après le rapport du matin et à la rentrée du sous-officier qui va copier les ordres à une heure à l'état-major; il signe ce carnet. Il se fait également représenter par l'adjudant les notes du service de toute espèce à fournir, et s'assure qu'aucune omission n'a été commise; enfin, il surveille la répartition mensuelle de tous les services, qui doit être faite par l'adjudant, conjointement avec les maréchaux des logis chefs des compagnies et escadrons, le 1er de chaque mois.

4° Le capitaine de police est chargé de surveiller la propreté extérieure et intérieure des casernes, relativement aux cours, corridors et escaliers; il ne visite que les chambrées de sa compagnie ou escadron.

5° Il surveille la pension des sous-officiers, les cuisines, salles de police, cantines et les écoles, en ce qui touche seulement à leur police et à la tenue des hommes qui les fréquentent.

6° Il fait rassembler de temps à autre le piquet, afin de l'inspecter et de s'assurer de la présence des hommes. L'officier de piquet doit être présent à cette inspection.

7° Il s'assure de la présence des officiers de semaine de cavalerie au pansage et à la promenade des chevaux. L'appel du pansage lui est rendu par l'officier de semaine.

8° Tous les matins, à l'heure fixée par le tableau de travail, il expédie les pièces, avec son rapport de service, à l'état-major.

ART. 10.

1° Le rapport du capitaine de police doit contenir l'historique de ce qui s'est passé dans sa caserne pendant les vingt-quatre heures; il indique le nom des officiers de piquet, du sous-officier de garde à la police et de celui de piquet, ses visites aux salles de police, cuisines et pensions des sous-officiers; le numéro des ordres qui ont été lus; enfin, tout ce qui a rapport au service. Il mentionne l'heure de la sortie et de la rentrée de tout détachement requis pour service éventuel.

2° Lorsqu'un officier supérieur se présente à la caserne, il en est informé par l'adjudant et l'accompagne dans sa visite.

3° Pour tout événement grave, il adresse immédiatement un rapport au colonel.

ART. 11.

Aussitôt la sortie d'un détachement pour un service éventuel, soit par réquisition de l'autorité, soit par son ordre, il en donne immédiatement avis, par écrit, au colonel, en indiquant la force numérique du détachement, sa mission et le nom du chef qui le commande. Le capitaine de police passe l'inspection de tous les détachements commandés par des officiers; l'adjudant passe celle des détachements commandés par des sous-officiers, brigadiers ou gardes, et en rend compte au capitaine de police, qui s'assure de leur départ.

Il informe le colonel de la sortie de tout détachement pour service éventuel.

ART. 12.

1° Les capitaines des deux armes roulent entre eux, à tour de rôle, pour ce service, lorsque le détachement est composé d'hommes des deux armes; mais si le détachement n'est composé que d'hommes de la même arme, il est commandé par un capitaine de cette arme. (Les adjudants-majors sont exceptés de ce service.)

Service de détachement.

2° Le capitaine commandant un détachement inscrit sur son rapport le nom des officiers, la force numérique des détachements et tous les événements survenus pendant le service.

3° Il y joint les rapports des officiers placés sous ses ordres, qui ont dû lui parvenir aussitôt la rentrée des détachements dans les casernes; il adresse le tout à l'officier supérieur de service ou directement au colonel, s'il n'y a point d'officier supérieur de service.

ART. 13.

1° Les capitaines et adjudants-majors des deux armes roulent entre eux pour ce service, à l'exception de l'adjudant-major chargé du détail du service.

Service de ronde des postes.

2° Un capitaine est commandé chaque jour pour la ronde des postes. Il visite la division qui lui est désignée d'après le tableau affiché dans le bureau de sa compagnie ou escadron; il se conforme à ce qui est prescrit pour la ronde des chefs d'escadron, et adresse au colonel un rapport sur son service.

3° Les adjudants-majors portent spécialement leur attention sur l'instruction des chefs de poste, la bonne administration du chauffage, l'entretien des consignes, mobilier et petits effets appartenant au corps, et sur les modifications à apporter dans le service des postes. Ils se font accompagner par le brigadier de pose pour faire répéter aux factionnaires leurs consignes, afin de s'assurer qu'elles sont bien données et comprises.

ART. 14.

Le service de ronde d'hôpital roule comme il est prescrit à l'article précédent. Tous les quatre jours, un capitaine est commandé pour visiter les hôpitaux où se trouvent des militaires du corps. Il s'assure de la bonne qualité des aliments, qu'il vérifie à la cuisine; il examine la viande déposée à la boucherie, se transporte ensuite à la paneterie, où il vérifie le poids des rations et la qualité du pain et du vin; il visite les salles occupées par les militaires du corps, et constate le bon état de la literie. Il mentionne, sur son rapport, l'heure de son arrivée et sortie de l'hôpital, ainsi que toutes les observations qu'il croit devoir faire dans l'intérêt des malades ou qui lui sont faites par l'administration; il y

Service de ronde d'hôpital.

fait donner suite immédiatement par le directeur, s'il y a possibilité, et, en cas de refus, il en prévient le colonel, et consigne les réclamations sur le registre de l'hôpital à ce destiné; enfin, il mentionne sur son rapport le nombre de malades et le nom de ceux en danger ou qui ont été l'objet de graves opérations.

ART. 15.

Service de ronde des théâtres.

1° Les capitaines et adjudants-majors des deux armes sont commandés, à tour de rôle, pour ce service. Chaque jour, un capitaine est commandé pour cette ronde.

2° Le capitaine de ronde ne doit point se présenter avant sept heures au premier établissement qu'il visite; il constate la présence des hommes de service, et fait constater l'heure de son passage sur le rapport du sous-officier de service; il fait mention, dans son rapport, de tout ce qu'il remarque de contraire au service et des observations et plaintes qui peuvent lui être faites par les chefs d'établissements. Il s'assure si les consignes sont bien observées, si les hommes sont dans une tenue régulière, s'ils se tiennent au poste qui leur est assigné, et s'ils ne pénètrent pas dans la salle, sans en être requis par l'autorité.

ART. 16.

Distribution de fourrage.

1° Les capitaines de cavalerie roulent entre eux pour les distributions de fourrage. Ils sont commandés chaque quinzaine, pour ce service, par l'adjudant-major chargé du service.

2° Le capitaine de distribution se rend, aux jour et heure indiqués, au magasin à fourrage, porteur d'un bon détaillé, ainsi que d'une note de chaque escadron, indiquant la quantité de fourrage à emporter et celle à laisser pour les postes du corps. Il se conforme aux dispositions suivantes :

3° Il vérifie, en présence de l'officier de semaine, du fourrier, du brigadier de petite semaine et du garde de corvée de chaque escadron, la qualité du foin et de la paille; fait faire de chaque denrée une pesée de dix bottes, afin de s'assurer qu'elles sont du poids de 5 kilogrammes chaque. Dans le cas contraire, il fait ajouter le supplément, et en rend compte dans son rapport. Il fait renouveler les pesées plusieurs fois pendant la distribution, afin de se convaincre que la manutention est bien égale; il s'assure que l'avoine est propre, saine et sèche, et qu'elle a le poids voulu; il fait ajouter à la pesée la tare des sacs, qui est d'un kilo et demi, terme moyen.

4° Si le fourrage n'est pas conforme aux conditions du marché, dont le capitaine de distribution a la copie, il se conforme aux dispositions du cahier des charges, et se rend de suite chez le major, qui fait toutes les démarches nécessaires.

5° Les voitures étant chargées, le capitaine donne l'ordre qu'elles soient escortées, jusqu'à destination, par le fourrier, le brigadier et le garde, qui assistent à la distribution, et attend ou se trouve de nouveau au magasin pour renouveler ses opérations lors du retour des voitures pour la distribution des autres escadrons.

6° A l'arrivée des voitures de fourrage dans les casernes, les trois hommes qui les escortent et le maréchal des logis de semaine assistent à son emmagasinement.

7° L'officier de semaine rend compte au capitaine commandant l'escadron de la quantité de fourrage, de sacs d'avoine, entrés au magasin de l'escadron.

8° Le capitaine de distribution de fourrage adresse au chef d'escadron major un rapport sur la distribution conforme au modèle adopté pour le corps.

Art. 17.

1° Les adjudants-majors des deux armes roulent entre eux pour le service de semaine, excepté celui chargé de la direction du service.

Capitaine adjudant-major de semaine.

Un adjudant-major est commandé, à tour de rôle, pour le service de semaine. Il assiste tous les jours au rapport, en tenue du matin, excepté le dimanche; il visite, principalement à l'heure du défilé des théâtres, les casernes où les fonctions de capitaine de police sont remplies par un lieutenant; il inspecte et fait défiler la garde des théâtres.

2° Il vérifie le registre des achats de marchandises des cantiniers, afin de s'assurer qu'ils payent exactement leurs fournisseurs, et signale au colonel toutes les infractions aux ordres donnés pour la tenue des cantines. Dans ce dernier cas, il provoque la fermeture des cantines. Il visite la pension des sous-officiers et s'assure que les fournisseurs sont exactement payés.

3° Il vérifie si le registre de service des sous-officiers de semaine est bien tenu, ainsi que le carnet des décisions et le livre d'ordres de l'adjudant; si le service de ce dernier est bien commandé conformément à la répartition arrêtée par le capitaine de police le 1er de chaque mois.

4° Il inspecte le poste de la police, s'assure du bon état des consignes et du mobilier, ainsi que de la tenue du registre des hommes punis, qui doit être visé tous les jours par l'adjudant.

5° L'adjudant-major de cavalerie visite les casernes de cette arme où il y a un capitaine de police d'infanterie. Dans ce dernier cas, il se borne à surveiller le pansage, les gardes d'écurie et le repas des chevaux.

6° Enfin, le samedi soir il adresse au chef d'escadron de semaine un rapport indiquant les jours et heures de ses visites dans les casernes et ses observations sur le service.

7° En raison de la spécialité de son service, l'adjudant-major de semaine peut se rendre indistinctement dans toutes les casernes occupées par le corps pour y faire l'appel des piquets. Dans ce cas, il en fait prévenir le capitaine de police, quelle que soit son ancienneté de grade, par un des sous-officiers ou brigadiers du piquet.

Art. 18.

1° Un des adjudants-majors est chargé, sous la direction du colonel, de commander et de veiller à l'exécution de tous les services.

Service spécial des adjudants-majors.

2° Un adjudant-major d'infanterie est chargé de la surveillance spéciale de tous les théâtres, bals et concerts publics.

3° Un adjudant-major de cavalerie est chargé de la surveillance spéciale de tous les postes de cavalerie.

4° Un adjudant-major d'infanterie est chargé de la surveillance spéciale de tous les postes d'infanterie.

5° Les adjudants-majors sont chargés des enquêtes que le colonel peut

2

prescrire sur des militaires de leur arme, l'adjudant-major chargé du service excepté.

6° Chaque fois que le colonel monte à cheval, l'adjudant-major de semaine se rend à l'état-major pour l'accompagner.

7° L'adjudant-major de cavalerie est chargé de l'instruction des jeunes chevaux. Il a sous ses ordres un sous-officier désigné pour le seconder.

ART. 19.

Adjudant-major chargé de la direction du service. 1° L'adjudant-major chargé de la direction générale du service doit s'attacher à connaître à fond la présente instruction, les réglements du service intérieur des troupes à pied et à cheval, ainsi que le réglement sur le service des places. Il transmet aux officiers supérieurs du corps les ordres donnés par le colonel pour l'exécution du service; il en surveille l'exécution à l'égard de ses inférieurs, et rend immédiatement compte au colonel de toutes les infractions qu'il remarque dans le service. Son travail et sa surveillance sont de tous les instants et exigent de sa part la plus grande exactitude, surtout dans la répartition du service mensuel et éventuel, afin de ne pas surcharger une caserne au bénéfice d'une autre. Il doit toujours avoir en vue que le moindre retard ou la moindre omission dans la transmission des ordres peuvent devenir préjudiciables à la direction du service qui lui est confié, et dont il est personnellement responsable envers le colonel.

Il a sous ses ordres, pour l'aider dans son travail :

1° Un adjudant;

2° Le fourrier d'ordre;

3° Le deuxième secrétaire du colonel, qu'il peut employer lorsqu'il a un surcroit de travail. Dans un cas pressant, il est autorisé à se servir de tous les secrétaires présents à l'état-major. Pour le service extérieur, le brigadier de planton est à ses ordres; le poste de la Préfecture lui fournit les ordonnances à pied et à cheval pour porter les dépêches dans les postes, casernes et autres lieux.

4° L'adjudant-major n'agit jamais qu'en vertu des ordres du colonel. Il commande tous les services journaliers et éventuels, dont il rend compte au colonel. A la fin de chaque mois, il lui présente la répartition du service mensuel par caserne, et, à chaque grand service, celle de ce service; il prépare tous les ordres concernant le service, et les soumet à l'approbation du colonel avant de les transmettre dans les casernes. Tous les matins, après avoir dépouillé tous les rapports de service des postes, théâtres, patrouilles et casernes, il se rend chez le colonel pour lui en donner une analyse verbale et lui faire signer les pièces qu'il a reçues.

Livre d'ordres du corps. 5° L'adjudant-major chargé de la direction du service tient, sous la direction du lieutenant colonel, le registre des ordres du jour du corps, de la place et de la division.

ART. 20.

Lieutenant. Le lieutenant maintient un ordre invariable dans son peloton ou section; il y excite l'émulation, dirige les maréchaux des logis et brigadiers sous ses ordres, s'assure fréquemment que tous les effets de ses hommes sont tenus avec le plus grand soin, et en passe une revue tous les mois, ainsi que de l'armement. Il tient la main à ce que les nouveaux admis soient instruits, par les sous-officiers et brigadiers, sur tout ce qui concerne les détails du service, de l'instruction municipale et militaire, et les interroge souvent pour s'assurer de leurs progrès. Le plus ancien lieutenant, dans chaque compagnie et escadron, a la surveillance de l'ordinaire et remplace le capitaine en cas d'absence. Le lieutenant surveille les maréchaux des logis et brigadiers dans l'accomplissement de tous leurs devoirs, et se fait rendre compte de tout ce qui se passe dans son peloton ou section.

ART. 21.

1° Dans chaque compagnie et escadron, un lieutenant est commandé de semaine. Le lieutenant de semaine se conforme, pour son service, au règlement du service intérieur de son arme, pour tout ce qui est applicable au service du corps; il surveille le maréchal des logis et le brigadier de semaine dans l'accomplissement de leurs devoirs. Chaque jour, après la parade, il vérifie le registre de service du maréchal des logis de semaine, et s'assure, en le signant, que tous les services ordonnés pour la journée y soient inscrits.

2° Le lieutenant de semaine de cavalerie commandé d'un service qui l'empêche de se trouver au pansage ou à la promenade des chevaux est remplacé, pour ces deux services seulement, par l'officier qui prend la semaine après lui ou par le maréchal des logis chef, s'il y a moins de deux officiers présents à l'escadron. Pour l'appel du soir, il est remplacé par le maréchal des logis chef.

3° Le lieutenant de semaine d'infanterie commandé d'un service qui l'empêche d'assister à l'appel du matin est remplacé par le second lieutenant de la compagnie pour cet appel; pour celui du soir, il est remplacé par le maréchal des logis chef.

4° Lorsqu'il n'y a qu'un lieutenant dans une compagnie, il assiste tous les jours à l'appel du matin; l'appel du soir est rendu par le maréchal des logis chef.

Service de semaine.

ART. 22.

Les lieutenants sont commandés, à tour de rôle, dans l'ordre suivant, pour le service:

1° La garde; 2° détachement; 3° piquet; 4° ronde des postes; 5° théâtres nationaux; 6° bals publics. Tout changement de tour de service est interdit entre les lieutenants de semaine et ceux qui n'en sont point.

2° Les changements de tour de service sont accordés aux lieutenants par l'adjudant-major chargé de la direction du service; les capitaines et officiers supérieurs s'adressent au lieutenant colonel.

Tours de service des lieutenants.

ART. 23.

Les lieutenants des deux armes roulent ensemble, à tour de rôle, pour ce service. Ils sont commandés de préférence pour les postes fournis par leur caserne; ils défilent à la tête de leur garde lorsqu'elle est fournie par la caserne, et la conduisent au poste. Dans le cas contraire, après la parade, ils se rendent au lieu de station indiqué à proximité de leur poste, où ils en prennent le commandement de leur garde pour la conduire au poste.

Service de garde.

ART. 24.

1° Les lieutenants roulent entre eux sur les deux armes, pour ce service, lorsque les détachements sont composés d'hommes des deux armes, soit à pied, soit à cheval ; dans le cas où les détachements ne sont composés que d'hommes de la même arme, ils sont commandés par un officier de cette arme.

2° Pour tous les services prévus, les officiers de détachement sont commandés, à tour de rôle, par le capitaine adjudant-major chargé de la direction du service. Un tour de détachement est marqué à tout officier qui est sorti de la caserne, à la tête d'un détachement, pour un service commandé.

3° Pour tout service imprévu requis dans les casernes par les autorités ou par l'état-major du corps, le lieutenant de piquet d'infanterie commande le détachement d'infanterie partant, dont les hommes de piquet doivent toujours faire partie. Si c'était un détachement à cheval, il serait commandé par l'officier de semaine de cavalerie. En l'absence de l'officier de piquet, si de nouveaux détachements étaient requis, le capitaine de police commanderait les officiers de semaine, et, à leur défaut, les premiers officiers présents, en suivant, dans les deux cas, l'ordre numérique des compagnies ou escadrons.

4° L'officier de piquet ne marche en détachement, pour tout service imprévu, qu'une seule fois pendant les vingt-quatre heures de son service.

5° Un tour de détachement est marqué à tout officier, de piquet ou non, sortant de la caserne à la tête d'un détachement pour service imprévu.

6° Dans les grands services, les lieutenants donnent connaissance de leur consigne à leurs sous-officiers, leur partagent la ligne de leur parcours, les chargent de placer les hommes aux endroits indiqués et de les surveiller. Ils font ensuite une tournée pour vérifier si les hommes sont à leur poste et si les consignes sont bien données et bien comprises. Ils surveillent tout l'ensemble de leur service.

7° Ils se tiennent habituellement au lieu indiqué pour leur station, afin de se présenter aux officiers supérieurs et capitaines sous les ordres desquels ils sont placés lors de leur passage, et pouvoir leur rendre compte.

8° Aux heures indiquées sur leur service, ils font exécuter les consignes avec fermeté et politesse. Si, cependant, quelques modifications doivent être apportées aux consignes, elles sont indiquées par les commissaires de police ou officiers de paix présents sur les lieux, qui en prennent toute la responsabilité. En tout cas, les officiers de service, tout en apportant à l'égard de ces fonctionnaires la conciliation et le liant que leur caractère comporte, ne doivent pas souffrir qu'ils exercent aucun commandement sur la troupe ; ces fonctionnaires doivent, à moins de cas très-urgents, se concerter avec l'officier commandant pour toute modification à apporter dans l'intérêt du service.

9° Le service terminé, les lieutenants ne doivent quitter les lieux confiés à leur surveillance que d'après les ordres du capitaine qui les commande ou des officiers supérieurs ; ils doivent reconduire leur détachement, s'il est de la même caserne qu'eux ; dans le cas contraire, ils en remettent le commandement au sous-officier le plus ancien, et, à leur rentrée, ils déposent la consigne de leur service entre les mains de l'adjudant, et adressent leur rapport au capitaine sous les ordres duquel ils étaient de service, ou directement au colonel, s'ils n'avaient point de supérieur immédiat. Ils inscrivent sur ce rapport tous les événements survenus, la composition numérique et par arme des hommes de leur détachement; ils inscrivent, en outre, au dos de ce rapport, le nom des sous-officiers et gardes de service, et, en regard, l'emplacement occupé par chacun d'eux.

10° Lorsqu'un détachement est composé de plusieurs lieutenants, le plus ancien fait le rapport. Si des officiers ou sous-officiers sont détachés du commandement de leur chef pour un service particulier, ils doivent, à leur rentrée, lui remettre un rapport qu'il joint au sien.

ART. 25.

1° Les officiers de semaine des deux armes roulent entre eux, dans chaque caserne, pour ce service, qui est réglé sur trois tours, c'est-à-dire que, lorsque le nombre des officiers de semaine de la caserne est au-dessous de trois, ce nombre est complété par des maréchaux des logis chefs, qui remplissent les fonctions d'officiers de piquet.

Service de piquets.

2° L'adjudant-major chargé de la direction du service commande chaque jour, à tour de rôle, dans chaque caserne, un officier de semaine pour être de piquet.

Ce service commence à la parade et finit le lendemain à la même heure.

3° L'officier de piquet est dans la tenue de service du jour; celui de cavalerie doit se tenir prêt à monter à cheval. Il assiste à la parade et défile à la tête du piquet, s'il est composé de vingt hommes.

4° Il doit toujours être présent et prendre le commandement du piquet chaque fois qu'il est rassemblé par ordre d'un officier supérieur, du capitaine de police ou de l'adjudant-major de semaine. Il ne peut s'absenter de la caserne que pour aller prendre ses repas à proximité, en indiquant au sous-officier de garde à la police le lieu où l'on pourrait le trouver.

5° Le lieutenant de piquet, logé en ville, se tient constamment chez lui ou à la caserne, et toujours prêt à marcher.

6° Le lieutenant de piquet ne peut accorder aucun changement de tour de piquet à ses hommes, ces permissions devant être accordées par le lieutenant de semaine de la compagnie dont l'homme fait partie; seulement, il peut accorder, à ceux qui le demandent pendant le courant de la journée, leur remplacement momentané; mais, dans aucun cas, ce remplacement n'est accordé pour le temps où l'homme doit faire patrouille.

ART. 26.

1° Les lieutenants des deux armes roulent entre eux, à tour de rôle, pour ce service. Chaque jour, le capitaine adjudant-major chargé de la direction du service commande deux lieutenants pour la ronde des postes. Ces officiers visitent la division qui leur est désignée d'après le tableau affiché au bureau de leur compagnie ou escadron; ils vérifient l'effectif des hommes de service porté sur la feuille de rapport, sur laquelle ils signent en indiquant l'heure de leur visite. Ils s'assurent de la propreté du poste, de la tenue des hommes, du bon état des armes, du mobilier et des consignes.

Service de ronde des postes.

2° Ils se servent de l'instruction municipale, déposée au poste, pour adresser des questions aux sous-officiers et brigadiers sur le service des places et l'itinéraire des patrouilles qui doivent être faites, et signalent nominativement ceux dont l'instruction laisse à désirer.

3° Ils vérifient le livret du bois de chauffage, s'assurent que celui mis en réserve existe réellement. En hiver, ils indiquent le nombre de degrés de chaleur que marque le thermomètre du poste. Ils interrogent les factionnaires, en se faisant accompagner par le brigadier de pose, afin de s'assurer que les consignes sont bien données et bien comprises, et qu'il n'en est donné d'autres que celles affichées au poste. Enfin, ils rendent compte, sur le rapport qu'ils adressent au colonel, de tout ce qu'ils remarqueraient de contraire au service.

4° La garde ne prend pas les armes : pour les rondes des lieutenants, le factionnaire placé devant les armes prévient le chef du poste de l'arrivée du lieutenant de ronde sitôt qu'il l'aperçoit.

ART. 27.

Service des théâtres nationaux et bals publics.

1° Un seul tour est établi pour ces deux services, pour lesquels les lieutenants des deux armes sont commandés à tour de rôle. Les officiers commandés de service doivent se trouver à leur poste une demi-heure avant l'ouverture des bureaux, et ne le quitter qu'après l'entier écoulement du public et des voitures. Ils se font rendre compte immédiatement, par les sous-officiers et brigadiers de service, de tous les événements ou discussions qui surviennent entre le public et les gardes de service, afin de pouvoir les trancher de suite avec toute la convenance désirable; ils veillent à l'exécution ponctuelle de la consigne des théâtres.

2° Ils se conforment, pour ces deux services, aux dispositions du chapitre V de l'*Instruction municipale* (petit format). Ils adressent au colonel un rapport sur leur service, indiquant les événements survenus, ainsi que les réclamations qui seraient formées par les chefs d'établissement.

ART. 28.

Officiers admis au corps ou sous-officiers promus au grade d'officier.

Les officiers qui arrivent au corps, ainsi que les sous-officiers promus au grade d'officier, sont dans l'obligation de faire visite à tous les officiers supérieurs, au capitaine adjudant-major et au capitaine de leur compagnie ou escadron. Aussitôt qu'ils sont habillés et en mesure de faire leur service, ils en préviennent immédiatement le capitaine adjudant-major chargé de la direction du service.

ART. 29.

Officier malade.

1° Lorsqu'un officier est indisponible pour cause de maladie, il se conforme, celui d'infanterie, à l'art. 14 du réglement du 2 novembre 1833 sur le service intérieur de son arme, et, celui de cavalerie, à l'art. 15 du même réglement sur le service intérieur de la cavalerie.

2° Le nom de l'officier malade est porté, chaque jour, sur la situation journalière, avec indication du jour où il a cessé son service.

ART. 30.

Chirurgien-major.

1° Le chirurgien-major est chargé de la direction et de la surveillance générale du service de santé. Il adresse chaque jour au colonel un rapport général résumant le service de santé des différentes casernes.

2° Il visite, deux fois par semaine, les hommes aux hôpitaux; assiste à toutes les opérations majeures; propose, pour la retraite, la réforme ou les vétérans, es militaires qu'il reconnaît impropres au service actif de l'arme ; délivre des certificats de visite aux hommes proposés pour des congés de convalescence ou es eaux thermales ; visite les établissements où les hommes vont prendre des bains dans la saison où ils sont ordonnés, afin de s'assurer qu'ils sont convenables ; provoque la cessation ou la reprise de ces bains, d'après l'état de la température ; veille au remplacement et à l'entretien des objets composant les boîtes de secours du corps ; dresse des certificats circonstanciés de visite pour es hommes blessés, dans un service commandé, par tel accident que ce soit, et en délivre également aux hommes nouvellement admis, qu'il visite tous les jours, à huit heures et demie du matin, à l'état-major (bureaux du major).

3° Le chirurgien-major accompagne l'officier général lors de ses visites trimestrielles dans les hôpitaux, et lui présente les hommes proposés pour la réforme.

4° Lorsqu'il le juge convenable, il réunit les aides-majors pour conférer avec eux sur les besoins du service de santé.

5° Tous les trois mois, et plus souvent s'il y a urgence, il provoque une visite générale des hommes, et en adresse le résultat au colonel. Il assiste au rapport tous les jours, de huit heures et demie à neuf heures, le dimanche excepté. Enfin, il assiste à tous les exercices à feu et y fait apporter le sac d'ambulance ; il assiste également à toutes les réunions générales du corps.

ART. 31.

1° L'aide-major fait chaque jour, aux heures prescrites par le tableau de travail, la visite des casernes qui lui sont affectées. Il constate, sur le rapport supplémentaire du chef du poste de la police, l'heure de son arrivée à la caserne ; il prend, au poste de la police, le bulletin des hommes malades, sortant les hôpitaux ou rentrant de permission de huit jours et au-dessus, qu'il doit visiter ; accorde des exemptions de service, jusqu'à quatre jours inclusivement, à ceux qu'il juge dans le cas de les obtenir, en indiquant s'il les autorise à sortir de la caserne pendant quelques heures de la journée, et rend compte, sur son rapport, de l'état de santé de tous ces militaires. Enfin, il indique aux commandants des compagnies toutes les précautions hygiéniques pour la santé du soldat, soit sur la qualité des aliments, soit sur les ustensiles servant à leur préparation, etc. A cet effet, il visite fréquemment les cuisines.

2° Lorsqu'un homme est blessé, dans un service commandé, par tel accident que ce soit, il dresse un certificat de visite qu'il adresse au chirurgien-major.

3° L'aide-major accompagne aux bains de rivière les hommes de sa caserne, signe les états qui lui sont remis, y consigne ses observations et le nom des militaires qu'il dispense de prendre les bains pour cause de santé, et remet ces états à l'officier commandant le détachement.

4° Lorsqu'il en reçoit l'ordre, l'aide-major procède à une visite générale des hommes des casernes qu'il dessert. Il inscrit ses observations, en regard du nom de chaque militaire, sur un état qui lui est remis et qu'il adresse, après sa visite, au chirurgien-major, avec un rapport particulier.

5° Les chirurgiens visitent les hommes partant en permission de sept jours et au-dessus, afin de s'assurer qu'ils ne sont pas atteints de gale ou de maladie syphilitique, et leur délivrent un certificat constatant leur état de santé.

6° Chaque jour, l'aide-major adresse au chirurgien-major un rapport sur le service de santé des casernes confiées à ses soins.

Aide-major.

Rapport de l'aide-major.

ART. 32.

Prises d'armes.

Lorsque le corps est réuni, tous les chirurgiens assistent à la réunion ; lorsque les réunions sont partielles, soit pour exercices ou grands services, l'adjudant-major chargé de la direction du service désigne les aides-majors, à tour de rôle, pour y assister.

ART. 33.

Place de bataille des chirurgiens et vétérinaire en premier.

1° Pour les revues, le chirurgien-major monte à cheval avec la cavalerie, ainsi que le vétérinaire en premier ; chacun des aides-majors marche avec son bataillon.

2· En bataille, le chirurgien-major se place à vingt-cinq pas derrière la droite de la ligne, et, pour le défilé, derrière le dernier peloton de la colonne. Le vétérinaire en premier se place à la gauche du chirurgien-major. Dans les deux cas ci-dessus, l'un et l'autre saluent avec le chapeau en passant devant le président de la République.

3° Les aides-majors, dans l'ordre en bataille et pour le défilé, se placent à la gauche de l'adjudant-major de leur bataillon ; ils saluent avec le chapeau en passant devant le président de la République.

4° Pour les visites de corps, le chirurgien-major se place après l'officier d'habillement, ayant ses deux aides à sa gauche. Le vétérinaire en premier, seul, assiste aux visites de corps ; il se place à la gauche des aides-majors.

ART. 34.

Service de santé.

1° Le service de santé est réparti de la manière suivante pour les différentes casernes :

Le chirurgien-major pour la caserne Tournon ;

Un aide-major pour les casernes des Minimes et des Célestins ;

Un aide-major pour les casernes Mouffetard et Saint-Victor.

2° Lorsqu'un aide-major est malade, son service est réparti par les soins du chirurgien-major, qui adresse une nouvelle répartition au capitaine adjudant-major chargé de la direction du service. Toutefois, il ne doit jamais y avoir plus d'un aide-major en permission, à moins de motifs très-urgents.

Cas de maladie subite.

3° Lorsqu'un homme est malade de manière à nécessiter les soins immédiats d'un chirurgien, le capitaine de police fait prévenir l'aide-major de la caserne, et, en cas d'absence de celui-ci, il fait appeler l'autre aide-major, ou le chirurgien-major, en lui indiquant le nom de la caserne, celui du malade, le numéro de la compagnie, de l'escalier et de la chambrée.

4° Enfin, en cas d'absence des chirurgiens du corps, ou dans un moment extrêmement pressant et qui n'exigerait aucun retard, le capitaine de police est autorisé à requérir le médecin civil le plus à proximité de la caserne.

5° A l'arrivée de l'aide-major, si le cas est très-grave, il fait transporter immédiatement le malade à l'hôpital, et en donne avis de suite, par ordonnance, au chirurgien-major.

6° Le chirurgien-major et ses aides donnent leurs soins à tous les militaires du corps qui les réclament, ainsi qu'à leurs femmes et enfants.

ART. 35.

Adjudant sous-officier.

1° L'adjudant seconde le capitaine de police dans tous les détails du service. Il est responsable de toutes les batteries pour les réunions ; il surveille particulièrement le sous-officier de garde à la police et celui de planton à la porte de la caserne.

2° Il veille à la propreté intérieure et extérieure du quartier, des salles de police, des cantines ; il est chargé de l'entretien du poste de la police, en ce qui concerne le renouvellement des consignes et placards qui doivent y être affichés. Il rend compte au capitaine de police de toutes les irrégularités qu'il est à même de remarquer dans le service intérieur des casernes; mais il ne se mêle en rien du service intérieur des compagnies. Il veille au départ et passe l'inspection de tout détachement commandé par des sous-officiers, brigadiers ou gardes, et en rend compte au capitaine de police.

3° Pour les services de grandes fêtes, l'adjudant commande exactement le nombre d'hommes porté sur le détail qui lui est remis par l'adjudant-major chargé de la direction du service.

Les brigadiers sont compris dans le rang ; les sous-officiers, tambours et trompettes, sont commandés en dehors de ce nombre. L'adjudant remet par écrit aux chefs de détachement qui doivent rejoindre un officier, le nom de cet officier, et le lieu où ils doivent se rendre pour se placer sous son commandement. Après la rentrée de tous les détachements de sa caserne, il réunit les consignes des chefs de détachement, et les transmet immédiatement à l'état-major, afin de ne pas retarder le service du lendemain. Il y joint le détail de service.

Art. 36.

L'adjudant veille à ce que le registre des hommes punis soit tenu correctement ; il le vérifie et le paraphe tous les jours. Avant le départ pour le rapport, il s'assure que les hommes à la salle de police soient rasés et changent de linge, que les salles de police soient nettoyées et lavées à fond deux fois par mois ; enfin, que la paille soit renouvelée chaque fois qu'il est nécessaire ; il s'adresse, à cet effet, à l'officier de casernement. Il inscrit nominativement sur sa situation les hommes punis de salle de police ou prison, durée, date d'entrée et sortie de punition. *Registre des hommes punis.*

Art. 37.

L'adjudant veille à ce que les sous-officiers se trouvent régulièrement aux repas. En cas de réclamation, il rend compte au capitaine de police, qui examine la réclamation, et y fait droit si elle est fondée. La consigne relative à la pension des sous-officiers doit être affichée, par ses soins, dans le local où mangent les sous-officiers. Il s'assure que les fournisseurs de la pension soient exactement payés. *Pension des sous-officiers.*

Art. 38.

1° Les jours où il n'y a pas de service extraordinaire, l'adjudant peut se faire remplacer, après le rapport du matin, par le maréchal des logis chef de petite semaine d'adjudant. Ces sorties ne doivent pas excéder deux jours par semaine, dont deux dimanches au plus par mois; et n'ont lieu que d'après l'autorisation du capitaine de police. *Cas de sortie.*

Art. 39.

1° L'adjudant de chaque caserne fait, dans les cinq premiers jours du premier mois de chaque trimestre, une ronde dans les postes de place et ministères qui lui sont désignés par le capitaine adjudant-major chargé de la direction du service. Il s'assure, dans cette ronde, du bon état des consignes, du mobilier et des petits effets appartenant au corps; il signale au capitaine adjudant-major chargé *Ronde de postes.*

3.

du service tout ce qu'il a trouvé en mauvais état, et en provoque le remplacement s'il est nécessaire.

ART. 40.

Surveillance des patrouilles.

L'adjudant fait deux rondes par mois pour surveiller les patrouilles de sa caserne et signaler celles qui ne se conforment point aux ordres donnés touchant leur service. Il rend compte, par écrit, de cette surveillance au capitaine adjudant-major chargé de la direction du service.

La première de ces rondes est faite du 1er au 15, la deuxième du 16 au 30, à des jours indéterminés, et d'après l'ordre du capitaine adjudant-major chargé du service.

ART. 41.

Ronde des bals publics.

L'adjudant visite les bals publics fournis par sa caserne. Ce service est rétribué, par les chefs d'établissement, conformément au tarif arrêté par le préfet de police.

ART. 42.

Répartition du service par l'adjudant.

1° Le dernier jour de chaque mois, l'adjudant de chaque caserne reçoit de l'adjudant-major, chargé de la direction du service, la situation mensuelle du service que sa caserne doit fournir le mois suivant.

2° Il inscrit sur la feuille mensuelle de service, aussitôt qu'ils lui sont notifiés, tous les services supplémentaires ,et les ajoute à la note qu'il remet chaque jour au capitaine de police.

3° Le 1er de chaque mois, l'adjudant règle, conjointement avec les maréchaux des logis chefs, la répartition du service des postes et théâtres, eu égard à l'effectif de chaque compagnie. Il fait connaitre aux chefs d'établissement que c'est sa caserne qui fournit le service de leur établissement, et que c'est à lui qu'ils doivent s'adresser pour le contremander en cas de relâche. Il ne commande point indistinctement l'infanterie et la cavalerie pour le service des théâtres : chaque poste est fourni par arme, et, autant que possible, par les hommes d'une même compagnie ou escadron.

4° Les jours de fêtes, il envoie dans les bals et théâtres qu'il doit fournir ces jours-là, le même nombre d'hommes que les dimanches, et veille, en tout temps, à ce qu'ils y soient rendus une heure avant l'ouverture des bureaux. Il paraphe, sur les rapports des chefs de poste, les demandes de service des chefs d'établissement ; fournit toutes les augmentations demandées, mais ne fait aucune diminution sans ordre de l'état-major. Il s'assure des relâches, afin de ne point envoyer le service. A cet effet, il lit les affiches tous les jours ; il mentionne, sur sa situation journalière, les établissements qui ont fait relâche ou contremandé le service. Il ne fournit aucun bal de nuit sans ordre de l'état-major, ni aucun service qui ne serait point porté sur sa feuille, à moins que ce ne soit par réquisition d'une autorité compétente. Lorsque le service d'un bal ou concert n'est composé que d'un brigadier et deux gardes, il est fait en sabre; mais, pour tout service de théâtres, il est fait en armes.

ART. 43.

Transmission des ordres.

L'adjudant n'assiste au rapport que le dimanche ; les autres jours de la semaine, il y est remplacé par l'un des fourriers de la caserne, qu'il désigne par semaine et à tour de rôle, et auquel il remet son carnet de décisions. Aussitôt le retour de ce sous-officier, il communique son carnet au capitaine de police, qui y appose son visa. Il en est de même à la rentrée du maréchal des logis chef de petite semaine d'adjudant, qui se rend à une heure au bureau de l'état-major pour y copier les ordres. Il fait battre ensuite aux maréchaux des logis chefs, leur dicte les décisions. S'il s'agit d'ordres, il les fait copier par les fourriers ; il fait collationner avec soin tous les ordres et décisions, après la dictée. Il communique immédiatement aux officiers d'état-major faisant partie de sa caserne tous les ordres et décisions, donnés au rapport ou dans le cours des vingt-quatre heures.

ART. 44.

L'adjudant tient le registre d'ordres de son bataillon ou escadrons. Ce registre, ainsi que son carnet de décisions, doit être constamment à jour. *Registre d'ordres.*

ART. 45.

1° Le maréchal des logis chef doit pouvoir éclairer l'opinion de son capitaine sur la conduite, les mœurs et la capacité des militaires de sa compagnie ou escadron, et n'agir envers eux qu'avec les ménagements et la sévérité que comportent leur âge et leur caractère. Il surveille le fourrier qui est chargé, sous sa direction, de faire toutes les écritures, et il exige qu'elles soient constamment tenues au courant. Il est chargé de recevoir la solde et de la payer aux hommes en présence de l'officier de semaine. Il est responsable, envers son capitaine, de toutes réclamations ou erreurs à cet égard, ainsi que de l'administration. Il paye, en présence de l'officier de semaine, tout ce qui revient aux brigadiers chefs d'ordinaires. Le maréchal des logis chef, de cavalerie, est également responsable des ustensiles d'écurie qui sont mis à sa disposition. Enfin, il commande le service qui lui est indiqué par l'adjudant, exécute et fait exécuter tout ce qui lui est prescrit par la présente instruction. *Maréchal des logis chef.*

2° Le maréchal des logis chef tient au courant les tableaux de services et divisions de toutes les rondes des officiers, conformes à ceux tenus par le capitaine adjudant-major chargé du service, lequel leur indique toutes les modifications, augmentations ou suppressions qui peuvent survenir.

3° Lorsqu'un officier est commandé de ronde, quelle qu'elle soit, le maréchal des logis chef lui remet un bulletin indiquant le nom de tous les postes qu'il doit visiter. Ce sous-officier est responsable de toute erreur à ce sujet.

ART. 46.

Le maréchal des logis chef est pourvu d'un carnet, conforme au modèle adopté, sur lequel les décisions et le service sont inscrits. Ce carnet est présenté au visa du commandant de la compagnie, par le maréchal des logis chef, au retour du rapport, et aux autres officiers par le maréchal des logis de semaine. *Carnet du maréchal des logis chef.*

Ces officiers y apposent leur paraphe.

ART. 47.

1° Le maréchal des logis chef n'assiste point au rapport ; il y est remplacé par son maréchal des logis fourrier, auquel il donne tous les renseignements nécessaires sur les punitions, réclamations, mutations et demandes portées sur la situation journalière. *Rapport à l'état-major.*

2° Un maréchal des logis chef est commandé chaque semaine, et à tour de rôle, par l'adjudant de chaque caserne, pour être de petite semaine d'adjudant. Il remplace l'adjudant dans ses fonctions, lorsque ce dernier doit s'absenter de la caserne. Le maréchal des logis chef de petite semaine se rend tous les jours, à une heure, à l'état-major du corps, muni du livre d'ordres et du carnet de décisions de l'adjudant, pour y copier les ordres et décisions survenus depuis le rapport.

Art. 48.

Cas d'absence.   Le maréchal des logis chef, en cas d'absence, est remplacé, pour la police et la discipline, par le plus ancien maréchal des logis, qui est dispensé de tout autre service. La comptabilité reste entre les mains du maréchal des logis fourrier.

Art. 49.

Maréchal des logis.   Le maréchal des logis dirige, sous l'autorité de l'officier de peloton ou de section, les brigadiers et gardes de sa subdivision, ainsi que les détails intérieurs des chambrées. Il appuie les brigadiers de son autorité et les habitue à commander avec fermeté, mais sans brusquerie. Il rend compte, tous les jours, à son lieutenant de section ou de peloton, des mutations, punitions, etc., lorsque celui-ci vient au quartier. Pour tout événement grave, il lui en rend compte immédiatement. Il veille à la conservation et à la bonne tenue des effets des hommes de sa subdivision ; il en passe la revue tous les mois. Il surveille plus particulièrement ceux de ses hommes dont la conduite laisse à désirer.

Art. 50.

Service de semaine.   1° Le maréchal des logis de semaine n'est point commandé de service pendant sa semaine. Il passe l'inspection des hommes de service, dans les chambres, à huit heures trois quarts du matin, sous la surveillance de l'officier de semaine ; il veille à ce que la giberne contienne tout ce qui est prescrit. Il inscrit, sur un registre à ce destiné, tous les services commandés, toutes les décisions et ordres concernant le service donnés au rapport ; il le signe chaque jour et le soumet, après la parade, au visa de l'officier de semaine. Il est chargé de communiquer toutes les décisions aux lieutenants de sa compagnie ou escadron, et, lorsqu'un officier n'est point chez lui et que les ordres de service ou décisions le concernent particulièrement, il doit lui laisser une note qu'il met dans le trou de la serrure, ou sous la porte du logement de cet officier, ou enfin chez le concierge, s'il est logé en ville. Lorsqu'on bat au piquet, il veille à ce que les hommes descendent promptement, et se rend ensuite au rassemblement. Tous les jours, à l'heure de la retraite, il remet au sous-officier de garde à la police les manteaux de patrouille ; il les reprend et les visite, le lendemain, à l'heure de l'ouverture des portes, et s'assure que le brigadier de semaine les fasse nettoyer.

2° Le maréchal des logis de semaine est aux ordres de l'officier de semaine : il ne peut s'absenter sans son autorisation, et en prévient l'adjudant. Il reçoit les billets d'entrée à l'hôpital, les exemptions de service, et les remet au maréchal des logis chef. Il s'assure que les hommes détenus soient rasés et changent de linge. Le maréchal des logis de semaine de cavalerie rend compte des ustensiles d'écurie qui manquent, et indique si ceux perdus ou cassés doivent être mis au compte des gardes d'écurie, dont il surveille le service.

Art. 51.

Service de garde et de théâtres.   Les maréchaux des logis sont commandés, à tour de rôle, par l'adjudant, dans chaque caserne, pour le service de garde et de théâtres. Les maréchaux des logis de cavalerie concourent avec ceux d'infanterie pour la garde à la police, en leur tenant compte des gardes à cheval qu'ils montent en ville. Ils se conforment, pour ces deux services, à ce qui leur est prescrit par les consignes générales, et aux prescriptions contenues dans l'instruction municipale déposée à leur poste.

ART. 52.

1° Le maréchal des logis de garde à la police doit prendre ses repas au poste, et ne doit le quitter que pour vaquer à son service; il ne s'absente jamais en même temps que le brigadier de garde qui est chargé de le remplacer. Il ne reçoit de consignes verbales que des officiers supérieurs, capitaines de police, adjudants-majors et adjudants; il n'en reçoit d'écrites ou permanentes que du colonel commandant. *Devoirs du maréchal des logis de garde à la police.*

2° Il est responsable de la ponctualité avec laquelle le brigadier et les sentinelles remplissent leurs devoirs. Il est chargé, sous la direction de l'adjudant, de faire exécuter toutes les batteries et sonneries du service journalier affiché au poste.

3° Il visite plusieurs fois dans la journée les salles de police et prisons; il reçoit les réclamations des détenus et les fait parvenir à qui de droit. Il veille à ce qu'ils ne fument point : cette faculté ne leur est accordée que lors de l'ouverture des salles de police ou lorsqu'ils sont amenés au poste pour s'y chauffer; il veille également à ce qu'ils n'allument point de chandelle et à ce qu'aucun effet de couchage ne soit porté à la salle de police, excepté ceux prescrits par le règlement; il n'y souffre l'introduction d'aucun liquide spiritueux ni d'autres aliments que ceux destinés aux repas habituels des hommes. Pendant l'été, il fait ouvrir les salles de police de onze heures à midi et de six heures à sept heures du soir; il place le nombre de factionnaires nécessaires pour empêcher l'évasion des détenus. Pendant les grands froids, il les fait amener au poste, pour s'y chauffer, de sept à huit heures du matin et de sept à huit heures du soir. *Salle de police.*

4° Il fait battre aux consignés toutes les fois qu'il le juge nécessaire, afin de s'assurer de leur présence, et signale à l'adjudant ceux qui manquent. Les hommes consignés qui sont logés en ville doivent prendre leurs repas à la caserne et répondre à la batterie des consignés. *Consignés.*

5° Il tient proprement le registre des hommes punis, et le fait viser tous les jours par l'adjudant avant le départ pour le rapport. *Registre des hommes punis.*

6° Il veille à ce que le devant de la caserne soit tenu proprement; il surveille les cantines et exige leur fermeture après l'appel du soir.

7° Il est responsable de la boîte de secours, et se conforme à l'instruction qui y est affichée. *Boîte de secours.*

8° Il envoie à l'état-major, par le planton du matin, toutes les pièces qui lui sont remises par l'adjudant, et lui indique, ainsi qu'à toute ordonnance, qu'on doit s'adresser au bureau du capitaine adjudant-major. Les reçus des lettres de service doivent être remis à l'adjudant. *Port des pièces et rapport à l'état-major.*

9° Pendant la nuit, il fait deux rondes, dans l'intérieur de la caserne, pour veiller à la tranquillité et à la sûreté du quartier; le brigadier en fait également deux. Ils visitent les écuries, s'assurent de la présence et de la vigilance des gardes d'écurie. Le chef du poste mentionne sur son rapport ces rondes et signale les abus ou négligences qu'il aurait remarqués, après toutefois en avoir *Rondes du chef de poste et du brigadier de garde à la police.*

rendu compte à l'adjudant, qui en prévient lui-même le capitaine de police.

10° Il s'oppose à ce que les chevaux soit montés dans les cours hors les heures de travail, à moins d'autorisation du capitaine de l'escadron.

Bulletin de santé. 11° Il remet le matin au chirurgien, les bulletins de santé déposés au poste, et si, pendant la nuit, ou même pendant la journée, un homme se trouve malade, il en rend compte à l'adjudant, qui en prévient le capitaine de police.

Réquisitions. 12° Il défère aux réquisitions de toutes les autorités chargées de requérir la garde, et en rend compte immédiatement à l'adjudant, qui en prévient le capitaine de police.

Officiers généraux visitant les casernes. 13° Toutes les fois que le colonel se présente en tenue au quartier, la garde sort sans armes du poste. Pour M. le préfet de police et les officiers généraux, elle prend les armes, et les honneurs sont rendus de la manière suivante :

Le tambour rappelle pour les généraux de division, et est prêt à battre pour les généraux de brigade et le préfet de police.

14° Chaque fois que le colonel ou le lieutenant colonel fait la visite d'une caserne, il fait prévenir de suite l'adjudant et le capitaine de police; il fait également prévenir l'adjudant lorsqu'un des chefs d'escadron se présente, et le capitaine de police, si cet officier supérieur le demande.

Clefs des portes de la caserne. 15° Au roulement de l'appel du soir, il fait fermer la porte de la caserne. La clef doit rester entre ses mains ou celles du brigadier, et la porte ne doit être ouverte que par l'un d'eux. Aucun homme ne peut sortir, après cet appel, sans une permission écrite et signée par le commandant de la compagnie ou l'officier de semaine, excepté les sous-officiers, jusqu'à l'heure fixée pour leur rentrée.

16° Aucun homme ne peut également sortir le matin, avant l'ouverture des portes, sans y être autorisé par le commandant de la compagnie, ce dont le chef du poste doit être prévenu.

Rapport du maréchal des logis de garde. 17° Le rapport du maréchal des logis de garde doit indiquer tous les événements qui se sont passés pendant les vingt-quatre heures. Il y relate la force, l'heure de la sortie et la rentrée de tous les détachements et ordonnances, sans exception. Il inscrit le nom et le grade des permissionnaires de l'appel du soir au fur et à mesure de leur rentrée ; il en indique l'heure en regard de leur nom, ainsi que sur leur permission. Il en agit de même pour les sous-officiers qui sortent après l'appel du soir, ainsi que pour tous les hommes rentrant de permission d'absence.

Visite du chirurgien. Lors de l'arrivée du chirurgien de la caserne pour la visite du matin, il lui présente le rapport supplémentaire sur lequel il doit constater l'heure de sa visite, et lui remet les bulletins de santé déposés au poste.

Réveil des hommes de patrouille et des plantons de cuisine. 18° Les hommes de garde à la police sont chargés, chacun pour leur compagnie ou escadron, sous la responsabilité du chef du poste de la police, d'aller éveiller les hommes de patrouille et les plantons de cuisine; ils ne doivent rentrer au corps de garde que lorsqu'ils se sont assurés que ces militaires sont levés. Sous aucun prétexte, les hommes de garde ne doivent s'absenter du poste pour des affaires étrangères au service.

Planton à la police. 19° Les hommes de piquet qui sont désignés dans les deux armes pour être de planton au poste de la police sont employés à porter les rapports à l'état-major, ainsi que les dépêches de service ; ils sont également chargés de prévenir les sous-officiers et gardes que l'on fait demander à la porte de la caserne. Lorsque des dépêches de service sont destinées pour des endroits éloignés, on commande de préférence les cavaliers, surtout si la missive est pressée.

En principe, et afin de ne point surcharger de courses inutiles les hommes de piquet, les officiers doivent profiter, à moins de cas urgents, pour l'envoi des lettres et pièces à l'état-major, de la voie des sous-officiers qui viennent le matin au rapport, ou, à une heure, à l'état-major.

20° Tout sous-officier, brigadier ou garde, qui a une exemption de service, pour quelque cause que ce soit, ne peut, sous aucun prétexte, sortir de la caserne sans l'autorisation du chirurgien qui a donné l'exemption. Dans le cas où cette autorisation lui est accordée, il est tenu de justifier au sous-officier de garde à la police de l'heure de sa sortie et de sa rentrée. *Exemption de service.*

ART. 53.

1° La sentinelle placée à la porte de la caserne veille attentivement à tout ce qui se passe à portée d'elle. Elle ne s'écarte point de la porte, et en fait éloigner tout ce qui peut en gêner la libre entrée; elle empêche de faire ou déposer des ordures devant la caserne, de coller sur la façade des affiches autres que celles des spectacles, d'allumer des feux de paille et tirer des pétards; elle avertit le chef du poste de tous les événements graves qui pourraient compromettre l'ordre public, tels que rassemblements, incendies, rixes, etc. La nuit, elle tire la sonnette dont le cordon est placé dans la guérite, fait avancer au mot de ralliement les rondes et patrouilles qui passent à portée d'elle ou qui rentrent à la caserne; le jour, elle crie : *Hors la garde!* chaque fois que le colonel se présente en tenue pour entrer ou sortir du quartier, et elle crie : *Aux armes!* pour l'arrivée et le départ des officiers généraux et du préfet de police, lorsqu'ils viennent visiter la caserne. *Devoirs de la sentinelle.*

2° La garde de police ne rend point d'honneurs hors la caserne.

ART. 54.

1° Les maréchaux des logis d'infanterie sont commandés, dans chaque caserne, à tour de rôle, pour le piquet. *Service de piquet et de planton.*

2° Le maréchal des logis de garde et ceux de piquet alternent pour être de planton à la porte de la caserne. Ce service est réglé par l'adjudant, de manière que celui-ci sache toujours l'heure à laquelle tel sous-officier est de planton. Celui de piquet fait toujours la première pose à l'ouverture des portes, et celui de garde la dernière.

Lorsque les piquets sont doublés, le sous-officier qui est commandé concourt avec eux pour ce service. Le maréchal des logis de piquet désigne, à tour de rôle, les hommes des deux armes pour être de planton au corps de garde. Lorsqu'on bat au piquet, le sous-officier descend immédiatement, aligne les hommes et en fait l'appel.

3° Le maréchal des logis de planton à la porte de la caserne se conforme aux dispositions suivantes :

Il est responsable de la tenue des hommes qui sortent de la caserne; il veille à ce qu'ils soient dans la tenue ordonnée pour le jour, qu'ils aient les buffleteries passées sous le trèfle, que le sabre soit au crochet pour la cavalerie, et placé à la hanche pour l'infanterie; que les hommes aient des gants, qu'ils soient coiffés militairement et n'aient point d'effets malpropres ou déchirés. *Tenue.*

4° Il examine soigneusement la tenue des hommes rentrant au quartier, et signale à l'adjudant ceux qui rentrent pris de vin. Le soir, il redouble de surveillance à cet égard.

Étrangers et marchands.

5° Il s'oppose à ce qu'aucun étranger ou marchand ne pénètre dans la caserne sans autorisation, fait conduire les personnes qui demandent à voir les officiers, lorsqu'elles ne connaissent point leur logement ; fait appeler les militaires auxquels des étrangers désirent parler, et demande à l'adjudant l'autorisation de laisser entrer ceux qui vont chez les sous-officiers ou gardes en ménage, lorsque ceux-ci lui en font la demande.

6° Il interdit l'entrée de la caserne aux enfants qui n'y logent point, et y laisse entrer les militaires de la ligne qui sont en tenue, à moins qu'ils ne soient pris de vin.

7° Il empêche le stationnement de tout étranger à la porte de la caserne ; il exige que les hommes qui descendent dans les cours de la caserne soient en tenue du jour : bonnet de police.

8° Il s'oppose à la sortie de tout effet d'habillement, si l'homme ne présente une autorisation du commandant de la compagnie, à moins qu'il ne soit accompagné d'un sous-officier ou brigadier ; il ne laisse vendre aucun effet aux environs de la caserne, et sortir aucun paquet sans en avoir vérifié le contenu, excepté pour les officiers et adjudants.

Cuisinières et porteurs.

9° Il veille à ce que les cuisinières et porteurs ne sortent pas de la caserne pendant la durée de leur service, à moins de motifs urgents et justifiés. Dans ce cas, il s'assure qu'ils n'emportent aucun aliment soustrait à l'ordinaire ; il en fait de même à leur sortie du soir.

10° Il rend compte à l'adjudant de la qualité et de la quantité des spiritueux qui entrent à la caserne pour le compte des cantiniers ; il lui rend également compte de toutes les infractions qu'il remarque.

ART. 55.

Surveillance aux barrières.

1° Dans chaque caserne, les sous-officiers et brigadiers des deux armes sont commandés par l'adjudant, à tour de rôle, pour ce service, qui a lieu les dimanches, lundis et jours de fêtes. Il est composé d'un maréchal des logis, d'un brigadier et de deux gardes par caserne, qui sont rendus à leur poste à six heures du soir, et ne le quittent qu'à neuf heures. Lorsque l'appel est fait, à neuf heures et demie, le service est retardé d'une demi-heure pour le départ et la rentrée.

2° Ils parcourent toutes les barrières qui leur sont désignées d'après le tableau affiché dans le bureau de leur compagnie ou escadron ; ils visitent, mais sans y stationner, tous les établissements fréquentés par les militaires du corps, surveillent leur conduite, arrêtent ceux qui commettent du scandale ou qui sont dans une mauvaise tenue ou dans de mauvais lieux. A leur arrivée, ils font une première tournée, et se rendent ensuite au lieu indiqué pour la station. A leur retour au quartier, ils rendent compte, sur un rapport qu'ils établissent, de tous les événements survenus, de tout ce qu'ils ont remarqué de contraire au bon ordre, et du nom des barrières et établissements qu'ils ont visités.

ART. 56.

Maréchal des logis fourrier.

1° Le fourrier est aux ordres immédiats du maréchal des logis chef. Il tient sous sa direction tous les registres et fait toutes les écritures ; il est chargé du casernement, de la literie, des réceptions, distributions d'effets et autres; il fait commander, par le brigadier de semaine, tous les hommes dont il a besoin pour les corvées; il communique les ordres à tous les officiers de sa compagnie ou escadron, et les lit à l'appel du matin ou au pansage de deux heures à la compagnie ou escadron rassemblé.

2° Tous les jours, excepté le dimanche, le maréchal des logis fourrier doit être rendu, à huit heures et demie du matin, à la salle des rapports, à l'état-major du corps, afin d'y copier les décisions. Il prend, avant de s'y rendre, auprès du maréchal des logis chef, tous les renseignements nécessaires concernant les punitions, réclamations, demandes, permissions et mutations portées sur la situation journalière. A son retour du rapport, il remet au maréchal des logis chef le carnet des décisions, afin que ce dernier puisse le soumettre au visa du capitaine, et lui fournit tous les renseignements nécessaires sur les ordres donnés.

3° Tous les mois, il remet à l'officier de casernement un état des réparations à faire dans toute l'étendue du casernement de sa compagnie ou escadron, en indiquant au compte de qui ces réparations doivent être faites, conformément à la décision du capitaine commandant les compagnies ou l'escadron.

Casernement.

ART. 57.

1° Le brigadier doit donner l'exemple de la bonne conduite. Il surveille les gardes de son escouade; il veille à ce qu'ils entretiennent leurs effets d'habillement et d'équipement dans le plus grand état de propreté; il forme les nouveaux admis aux usages du service du corps, fait lever les gardes au réveil, ouvrir les fenêtres pour renouveler l'air; réprime tout ce qui se dit ou se fait contre le bon ordre, fait cesser les jeux qui peuvent occasionner des querelles, empêche de fumer au lit, de se coucher dessus avec les bottes, de placer des effets entre la paillasse et le matelas, de fendre du bois dans les chambres ou corridors; en un mot, il est responsable de la bonne tenue de sa chambrée et des infractions aux ordres qui s'y commettraient par sa négligence. Il rend compte immédiatement au maréchal des logis de semaine, et à celui de sa subdivision, de tout ce qui intéresse le service et la discipline, tels que découcher d'un homme, vente ou achat d'effets sans autorisation, recel de quelque objet, maladie subite pendant la nuit, maladie vénérienne ou cutanée, ivresse, batterie, etc.

Brigadier.

2° Le brigadier veille à ce que les hommes commandés de planton de chambrée y restent pendant les appels, et ne s'absentent qu'après le repas du soir, après avoir mis tout en état de propreté, et qu'ils déposent la clef dans la chambre du brigadier de semaine, dans le cas où ils se trouveraient seuls au moment de leur sortie.

Planton de chambrée.

3° Un brigadier par bataillon, pris parmi les plus lettrés, est commandé, chaque mois, pour aller copier l'ordre, tous les jours, à l'état-major de la place.

ART. 58.

1° Le brigadier de semaine n'est point commandé de service pendant le cours de sa semaine: il est aux ordres du maréchal des logis de semaine et le seconde dans son service.

Service de semaine.

2° Il assiste à toutes les réunions, commande et rassemble les hommes de corvée. Le brigadier de semaine de cavalerie veille à la propreté des écuries, distribue l'avoine ainsi que le fourrage en présence du maréchal des logis de semaine, conduit les gardes d'écurie à leur poste, s'assure que les consignes sont bien données et en surveille l'exécution.

4

3° Lorsqu'on bat au piquet, le brigadier de semaine passe rapidement dans les chambres pour faire hâter les hommes, et se rend ensuite au rassemblement. A l'appel du pansage, le brigadier de semaine de cavalerie fait sortir les cavaliers qui sont à la salle de police, et les y reconduit aussitôt le pansage terminé. Il ne les laisse point monter dans les chambres ni entrer à la cantine.

4° Aux coups de baguettes donnés pour délivrer le repas aux hommes de théâtre, il se rend à la cuisine et veille à la distribution des aliments. Une demi-heure avant le repas du matin et du soir, il se rend également à la cuisine pour veiller au maintien du bon ordre, conjointement avec le brigadier de garde à la police.

ART. 59.

Les brigadiers sont commandés à tour de rôle, dans chaque caserne, par l'adjudant, pour le service de garde et de théâtres. Pour ces deux services, ils se conforment aux prescriptions de la consigne générale et à celles de l'instruction municipale déposée au poste. Les brigadiers de cavalerie concourent avec ceux d'infanterie pour la garde de police, en ayant égard au nombre de gardes à cheval qu'ils montent en ville.

Service de garde et de théâtres.

ART. 60.

1° Le brigadier de garde à la police seconde le maréchal des logis de garde dans toutes les parties de son service.

2° Il est spécialement chargé de la police des cuisines. A trois heures du matin, il fait l'ouverture des cuisines, en présence des plantons de cuisine commandés dans chaque compagnie ou escadron qu'il a fait éveiller à l'avance. Il veille à ce que les porteurs et cuisinières, qui doivent se trouver à la même heure à la caserne, allument immédiatement les fourneaux, et à ce que la totalité de la viande soit mise dans les marmites. Jusqu'au réveil, il exerce une surveillance active sur les cuisines, et s'assure que les plantons ne s'en écartent point: il est responsable de leur présence.

3° Une demi-heure avant la distribution du matin et du soir, et pour le repas des hommes de théâtre, il se rend à la cuisine pour y maintenir l'ordre jusqu'après la distribution. Il est secondé dans cette surveillance par les brigadiers de semaine, qui s'y rendent une demi-heure avant la distribution. Il s'assure, conjointement avec eux, qu'aucun homme, soit qu'il loge en ville ou à la caserne, dans son ménage ou en chambrée, ne prenne ses repas avant l'heure fixée;

Que les hommes de garde à la police ne se présentent à la cuisine qu'à la descente de leur garde, comme ceux des autres postes;

Que les bidons dont il est fait usage par les cuisinières, porteurs, etc., ne dépassent pas la dimension de la contenance d'une portion;

Que les cuisinières ne versent point d'eau froide dans les marmites lorsqu'elles y font bouillir de la graisse, et qu'elles ne fendent point le bois dans les cuisines;

Que les plantons veillent à la propreté des ustensiles de cuisine et à leur arrangement; qu'ils soient présents à l'ouverture de la cuisine, à trois heures du matin, et ne la quittent qu'à cinq heures du soir, après la fermeture;

Que, sous aucun prétexte, ils ne s'absentent de la cuisine;

Police des cuisines. Surveillance du brigadier de garde à la police.

Que les gardes ne viennent point se laver aux cuisines ni prendre d'eau au bain-marie, excepté pour les besoins des hommes ou chevaux malades;

Que le bois destiné à la cuisson des aliments ne soit point emporté dans les chambres;

Enfin, que, tous les samedis au soir, les chaudières du bain-marie soient nettoyées et vidées à fond.

4° Chaque fois que des hommes, pour un motif quelconque, doivent prendre leur repas avant l'heure fixée, l'ordre en est donné par le capitaine de police aux brigadiers de semaine, qui veillent à ce que d'autres ne s'introduisent pas dans les cuisines. Les hommes qui sortent pour un service de plusieurs heures, avant le repas du matin, doivent, autant que possible, manger la soupe avant le départ.

5° La distribution du soir terminée, et les gamelles vides ayant été remises à la cuisine, le brigadier de garde s'assure que les gamelles des hommes qui ne sont point encore rentrés de service soient placées sur le bain-marie, pour être distribuées par ses soins à leur retour. Il ferme ensuite les portes de la cuisine, et en remet les clefs au maréchal des logis de garde.

6° Le brigadier de garde veille à la propreté des cuisines, à ce qu'aucune denrée ou objet n'en soit détourné, que les repas soient prêts et mis dans les gamelles avant le roulement, mais de manière à ne pas se refroidir; que le départ des porteurs ait lieu aux heures fixées, et qu'ils n'emportent que le nombre de gamelles indiqué par la liste des hommes de service qui lui est remise par le brigadier de semaine.

7° Les chirurgiens du corps doivent visiter souvent les cuisines, afin de vérifier la qualité des aliments et la propreté des ustensiles employés à leur préparation. Ils consignent leurs observations à ce sujet sur leur rapport de santé.

8° Les officiers supérieurs de semaine, capitaines de police, commandants de compagnie et lieutenants chargés des ordinaires, surveillent l'exécution de ces dispositions. Le présent article est affiché, par les soins de l'adjudant, au corps de garde de police et dans chaque cuisine de caserne.

ART. 61.

Les brigadiers sont commandés à tour de rôle, dans chaque caserne, par l'adjudant, pour ces deux services. Ils sont sous les ordres des maréchaux des logis, qui sont chargés de l'exécution des consignes relatives à ces deux services. *Brigadier de piquet et de surveillance aux barrières.*

ART. 62.

Les brigadiers concourent, à tour de rôle, pour tenir l'ordinaire. Le brigadier d'ordinaire peut être chargé de cette gestion pour six mois; il ne monte la garde, autant que possible, qu'à la police. L'adjudant avance ou recule son tour de service. (*Voir*, à l'article *Ordinaire*, ses fonctions.) *Brigadier d'ordinaire.*

ART. 63.

1° Tout garde revêtu de son uniforme, quand bien même il ne ferait partie d'aucun service commandé, n'en est pas moins constamment dans l'exercice de ses fonctions, et doit, en toute circonstance, veiller au maintien de l'ordre et de la tranquillité publique. Les militaires du corps doivent, en leur qualité de soldats d'élite, se montrer toujours dignes de la mission qu'ils sont appelés à remplir. Le repos et la tranquillité de la capitale sont confiés à leur vigilance et à leur courage. *Garde.*

2° La société a remis entre leurs mains non seulement des armes pour la défendre et la protéger contre les malfaiteurs et perturbateurs de toute espèce, mais encore une portion du pouvoir judiciaire, afin d'assurer, par des moyens paisibles et réguliers, l'exécution des lois, ordonnances et règlements de police. Il est donc essentiel que les militaires du corps acquièrent promptement les connaissances nécessaires pour accomplir avec intelligence cette partie de leurs obligations, qui se trouve détaillée dans l'instruction municipale dont chacun d'eux est pourvu à son entrée dans la garde républicaine.

3° Chargés, dans la pratique habituelle de leur service, de la mission pénible et souvent difficile de régulariser des plaisirs, de contrarier des habitudes prises et de calmer des impatiences ; souvent en contact avec la partie la plus turbulente de la population, les gardes, par leur attitude tout à la fois ferme et bienveillante, par la dignité de leur conduite, leur allure franche et militaire, et leur extrême politesse envers toutes les classes de la société, doivent amener cette population à comprendre que leur présence au milieu d'elle n'a pour but que le maintien de l'ordre et la sécurité de tous. Ils doivent éviter les propos acerbes, humiliants, et les actes oppressifs, qui n'auraient d'autre résultat que d'altérer la considération et la confiance que la garde républicaine inspire ; mais plus ils auront mis de politesse et de convenance dans l'exécution de leur service, plus ils devront déployer de fermeté envers les individus qui prendraient pour de la faiblesse les égards dont ils auraient été l'objet.

Emploi de la force et des armes.

4° Ils ne doivent jamais employer la force qu'après avoir épuisé tous les moyens de douceur et de persuasion ; ils ne doivent se servir de leurs armes qu'à la dernière extrémité, en cas de légitime défense, lorsque leur vie est menacée, ou qu'ils en reçoivent l'ordre de leurs chefs. (En cas d'émeute ou d'attaque, l'emploi des armes ne doit avoir lieu qu'après les trois sommations faites au nom de la loi, par les maires ou commissaires de police.)

5° Enfin, les militaires du corps doivent donner l'exemple de la tenue, de la discipline et de la bonne conduite ; ils doivent éviter tout ce qui tendrait à compromettre leur uniforme et la réputation si honorable que le corps s'est acquise.

6° Ils doivent se pénétrer de cette vérité, que l'ivrognerie est le vice le plus dégradant, qu'elle conduit insensiblement à tous les autres, et qu'à la troisième faute pour ivresse ils encourent leur expulsion d'un corps où leur conduite serait une honte et un dangereux exemple pour leurs camarades.

Salut aux sous-officiers de la ligne.

7° Conformément à la circulaire ministérielle du 15 octobre 1842, les gardes ne doivent point le salut aux sous-officiers de la ligne ; mais s'ils ne le doivent point en raison de la spécialité de leurs fonctions, ils ne doivent s'écarter en rien des règles de la politesse et de la déférence que les militaires de tous les corps de l'armée se doivent entre eux.

CHAPITRE II.

Organisation des compagnies et escadrons ; ordre intérieur des chambrées et des casernes ; ordinaires ; pension des sous-officiers ; cantiniers.

ART. 64.

Division des compagnies et escadrons.

1° Chaque compagnie d'infanterie sera divisée en deux sections, six subdivisions et douze escouades ; cette division aura lieu d'après le contrôle établi par rang de taille, la compagnie étant formée sur trois rangs.

2º La première section, commandée par le deuxième lieutenant, comprend :

1º Le maréchal des logis fourrier;

2º La première subdivision, commandée par le premier maréchal des logis;

3º La deuxième subdivision, commandée par le cinquième maréchal des logis;

4º La troisième subdivision, commandée par le troisième maréchal des logis.

3º La deuxième section, commandée par le premier lieutenant, comprend :

1º Le maréchal des logis chef;

2º La quatrième subdivision, commandée par le quatrième maréchal des logis;

3º La cinquième subdivision, commandée par le sixième maréchal des logis;

4º La sixième subdivision, commandée par le deuxième maréchal des logis.

4º La division des escadrons et le placement des cavaliers, brigadiers et sous-officiers dans le rang, aura lieu conformément à l'article 82 de l'ordonnance du 2 novembre 1833 sur le service intérieur des troupes à cheval.

Art. 65.

Chaque lieutenant d'infanterie établit lui-même le livret prescrit par le réglement, et conforme au modèle adopté pour le corps. Ce livret comprend le contrôle par rang de taille et celui par rang d'ancienneté de toute la compagnie, ainsi que le demi-signalement et la situation de la masse, après la liquidation de chaque trimestre, pour les hommes seulement de sa section. Il veille à ce que tous les sous-officiers et brigadiers sous ses ordres en établissent de semblables, mais seulement pour les hommes qu'ils commandent. Les lieutenants de cavalerie se conformeront à l'art. 112 du service intérieur de la cavalerie pour l'établissement de leur livret de peloton. *Livret de section.*

Art. 66.

1º Les brigadiers et gardes seront répartis dans les chambrées d'après le contrôle par rang de taille. *Organisation des chambrées.*

2º Les brigadiers et gardes logés en ville conservent leur rang dans leur escouade, afin d'y répondre aux appels et d'y assister aux revues de détail. Leurs fusil, giberne et cartouches, restent dans les chambrées dont ils font partie. *Hommes logés en ville.*

3º Ils sont tenus, après chaque terme, de présenter à leur capitaine leur quittance de loyer.

4º Ils doivent choisir leur logement dans un rayon de cinq cents pas au plus de la caserne, soit 325 mètres environ.

5º Ils peuvent emporter, avec l'autorisation du commandant de la compagnie ou de l'escadron, une couchette et une fourniture complète de literie, dont ils donnent reçu et deviennent responsables.

6º Le nom des militaires logés en ville est affiché au bureau de chaque compagnie ou escadron, avec leur adresse. En cas de changement de logement, ils en préviennent le maréchal des logis chef. L'adresse des officiers est également affichée au bureau de la compagnie et au corps de garde de police par l'adjudant de la caserne.

Art. 67.

Ordre intérieur des chambrées.

On observe dans chaque compagnie et escadron, pour l'ordre intérieur et la propreté des chambrées, les règles suivantes :

1° On veille à ce que les légumes ne soient point placés dans les chambres, que les lits soient espacés convenablement, qu'ils ne touchent point aux murs, et, autant que possible, ne soient point accolés deux à deux ;

2° Qu'aucun militaire ne se serve de vase de nuit dans les chambres ;

Couvertures.

3° Que les couvertures soient battues tous les samedis, et surtout qu'elles ne le soient qu'avec des baguettes en bois ;

4° Que les cuillères et les fourchettes soient placées dans des tringles uniformes en bois fixées au-dessous des planches à pain ;

5° Que chaque chambrée soit pourvue d'un gobelet en métal ;

Tables et bancs.

6° Que les tables des chambrées ne soient nettoyées, du côté qui sert pour les repas, qu'avec une brosse dure et du savon noir, et, du côté opposé avec du papier de verre (défense de les passer au grès ni de les laver à grandes eaux); que les bancs soient également nettoyés avec du savon noir ;

7° Défense aux brigadiers et gardes de nettoyer leurs effets d'habillement, équipement, etc., dans les chambres, après l'appel du soir, sans une nécessité absolue et reconnue, ce travail troublant le repos des hommes de la chambrée.

Art. 68.

Cartons de chapeaux, schakos, aiguillettes et étiquettes.

Les cartons de chapeaux, schakos et aiguillettes, sont de même modèle dans tout le corps; leur couleur est bleu clair, et celle des bordures et des écussons aurore. La grandeur des lettres, pour les grands écussons et étiquettes des lits, doit être conforme aux dimensions adoptées par le corps.

Les étiquettes de portes, de lits et autres, sont en zinc peint de couleur aurore, avec écusson mobile au milieu pour recevoir le nom de l'homme.

Art 69.

Placement des effets dans les chambres de la cavalerie.
Sur la première planche.

Le pliage des effets sera réglé sur la longueur du porte-manteau.

1° On place sur la première planche le pantalon de tricot retourné et plié, en rapportant un côté sur l'autre, le pont en dedans, les coutures des côtés réunies ; le plier ensuite dans sa longueur sur celle du porte-manteau, rentrant le derrière de la ceinture pour qu'il soit carré, et le placer, le fond en arrière, sur la première planche ;

2° Le pantalon bleu collant, retourné, plié et placé de même ;

3° Le pantalon bleu large, plié de la même manière ;

4° Les pantalons blancs, pliés de la même manière, ainsi que le pantalon de treillis, lorsqu'ils devront figurer sur la planche, mais sans être retournés ; à moins d'ordres contraires, ils sont placés dans les malles.

5° Les gants, les doigts en arrière, l'entrée en avant, à chaque extrémité du paquetage ;

6° L'habit de grande tenue, plié ainsi qu'il suit : l'étendre sur le lit, relever les manches, les plier sur elles-mêmes à la hauteur de la taille, ramener un côté de la poitrine sur l'autre, les basques placées l'une sur l'autre ; replier les basques sur elles-mêmes du côté du cran de la taille, et de manière que l'habit soit à la longueur du porte-manteau ; placer le plastron plié sur lui-même, la doublure en dedans, entre les deux basques. Placer l'habit sur les pantalons, la poitrine en arrière, le collet tourné du côté opposé à l'entrée de la chambre.

7° Le surtout, plié et placé de la même manière que l'habit ;

8° La veste d'écurie, pliée ainsi qu'il suit: l'étendre sur le lit comme l'habit, relever les manches de même, ramener les deux poitrines de manière que les boutons et boutonnières se joignent sur le milieu du dos, la replier en deux, les poitrines l'une sur l'autre;

9° Le porte-manteau, contenant les chemises, chaussettes, bonnets de coton ou serre-tête, la trousse, les cols, le livret, la patience et les brosses;

10° Le bonnet de police, posé à plat sur le porte-manteau, de manière à ce que la grenade soit en vue, le gland tombant en avant, la coiffe tournée du côté du collet de l'habit;

11° La housse, pliée sur elle-même dans sa longueur, la doublure en dehors; la placer ainsi: le bas en avant, lorsque les planches le permettent, afin de ne pas fatiguer les cuirs qui la garnissent; dans le cas contraire, plier les devants à la hauteur de l'entre-jambe, les ramenant dessus; faire de même avec le derrière et la placer dans son travers; Sur la deuxième planche.

12° Les chaperons, à plat, la doublure en dessus;

13° Le manteau, plié comme il sera indiqué plus loin, le rouge en dessous pour les jours ordinaires, et en dessus pour les inspections et visites de chambre par les officiers supérieurs;

14° Le casque sur un champignon mobile et à vis, à droite du manteau, le porte-plumet en dehors.

15° Le chapeau, dans son étui, étiqueté au nom de l'homme, à gauche du manteau, et placé sur le cintre du carton; le casque est placé le premier du côté de la porte d'entrée de la chambre, le chapeau ensuite et le carton d'aiguillettes.

16° Les petites bottes, accrochées derrière la tête du lit.

17° Nul autre effet ne devra être mis dans ce paquetage, ni dessous ni derrière, les malles étant destinées à recevoir les effets supplémentaires. Les gardes sont pourvus d'une musette, placée derrière la tête du lit, pour renfermer les objets de propreté; les cavaliers ont une seconde musette renfermant les effets de pansage. Le bridon est placé entre ces deux musettes, les sabots sous la tête du lit.

18° Il est bien entendu que l'effet dont le garde est vêtu lors de l'inspection ne sera pas remplacé sur les planches. Les housses et chaperons sont exceptés de cette mesure; ils figureront en double lorsque les gardes en seront pourvus de deux paires.

19° Tous les samedis, après le nettoyage général, les planches sont essuyées et lavées, si cela est nécessaire, avant d'y replacer les effets, qui sont entièrement couverts d'une toile verte, qui n'est retirée que pour les revues des chambres. Lorsque l'ordre de la retirer en est donné, elle est pliée en plusieurs doubles et placée sur les effets de manière à ne point les déborder.

Les brides et les grosses bottes sont accrochées aux porte-brides et crochets destinés pour cet objet. Placement des effets dans les chambres de l'infanterie.

ART. 70.
Sur la première planche.

Le placement des effets sur les planches, dans les chambres de l'infanterie, est réglé sur la longueur de la veste.

1° On place sur la première planche la capote pliée en deux, les manches se joignant et faisant un pli du côté des revers, depuis leur échancrure jusqu'au bas des basques, et un autre depuis le bas de la taille: de sorte que la capote forme un carré long; la plier ensuite dans la longueur de la veste, et la placer le dos en arrière.

2° Le pantalon de drap, plié comme il est indiqué au § 1er de l'article précédent, mais de la longueur de la veste ;

3° Les pantalons blancs, pliés de la même manière, s'ils doivent figurer au paquetage ; à moins d'ordres contraires, ils sont placés dans les malles;

4° L'habit de grande tenue, plié comme il est prescrit au § 6 de l'article précédent ;

5° Le surtout, plié de la même manière que l'habit;

6° La veste, pliée comme il est prescrit au § 8 de l'article précédent ;

7° Le bonnet de police posé sur la veste, comme il est indiqué au § 10 du même article ;

8° Le havre-sac, sur la même planche, à côté et à droite des effets.

Sur la deuxième planche. 9° On place sur la seconde planche le chapeau, dans son étui, portant sur le cintre du carton, l'ouverture en avant (l'étui est étiqueté au nom de l'homme).

10° Le schako, également dans son étui, étiqueté au nom de l'homme, et placé sur le calot, la visière en l'air. Les schakos des hommes de piquet sont en dehors de l'étui et placés sur la première planche de la même manière.

11° Le schako est placé le premier du côté de la porte d'entrée de la chambre, le chapeau et le carton d'aiguillettes ensuite.

12° On se conforme exactement, pour le reste, aux §§ 16, 17, 18 et 19 de l'article précédent.

ART. 71.

Ordre dans lequel les effets doivent être placés sur les lits pour les revues d'habillement. Lorsque l'ordre est donné de mettre les effets sur les lits pour une revue d'habillement, d'équipement ou de linge et chaussure, ils sont placés de la manière suivante sur le lit : 1° le havre-sac (la cavalerie le remplace par le porte-manteau, les housses et chaperons, placés sous le porte-manteau); 2° habit, surtout, veste, capote; 3° chapeau ou bonnet de police; 4° toile verte; 5° pantalons de drap et d'été; 6° schako ou casque, bonnet de police; 7° instruction municipale, formulaire et livret; 8° pompons ou plumets; 9° martinet; 10° brosse grasse; 11° brosse double pour souliers; 12° brosse à reluire; 13° boîte à cirage; 14° brosse à boutons; 15° patience; 16° boîte à graisse; 17° brosse à habit; 18° aiguillettes; 19° trousse garnie; 20° nécessaire d'armes; 21° cols; 22° tire-balles; 23° mouchoirs de poche; 24° chemises et caleçons; 25° gants; 26° les bottes sous le pied du lit, à droite et à gauche de la malle.

Les effets doivent présenter le numéro matricule et le millésime du côté de la personne qui passe l'inspection, c'est-à-dire de manière à ce que cette personne, étant placée au pied du lit, puisse les lire dans leur ordre naturel.

Ce chapitre doit être affiché dans chaque compagnie et escadron, en ce qui concerne chaque arme.

ART. 72.

Vérification du livre d'ordinaire des compagnies et escadrons. La direction de l'ordinaire est toujours confiée au plus ancien des lieutenants de la compagnie ou de l'escadron. Il vérifie, tous les dix jours, l'inscription des recettes et dépenses et les produits provenant des retenues faites aux travailleurs et hommes punis qu'il relève sur les registres de la compagnie ou de l'escadron; il interroge les hommes qui ont accompagné le brigadier pour l'achat des denrées de l'ordinaire. Les capitaines commandants surveillent la bonne gestion des ordinaires. Les chefs d'escadron vérifient tous les mois les livres d'ordinaires de leur bataillon ou escadron.

ART. 73.

Tous les brigadiers et gardes sont tenus de vivre à l'ordinaire, excepté ceux ·gés en ménage à la caserne. Les hommes mariés logés en ville peuvent être ·torisés par le colonel, sur la demande des capitaines commandants, à man- ·r dans leur ménage ou à emporter leurs vivres hors de la caserne. Ces de- andes doivent être restreintes, dans l'intérêt des ordinaires.

Composition des ordinaires.

ART. 74.

1° Les versements au livre d'ordinaire ont lieu tous les mois.

2° Il est prélevé sur la solde des brigadiers et gardes des deux armes une ·mme de 75 centimes par jour pour subvenir aux dépenses de l'ordinaire; si ·s circonstances l'exigent, cette retenue est augmentée d'après l'ordre du co- nel.

Versements à l'ordinaire.

3° Les sous-officiers, ouvriers civils travaillant dans les ateliers du corps, ·layeurs, palefreniers et autres personnes autorisées à vivre à l'ordinaire, ver- ·nt une somme de 5 centimes par jour en plus que les gardes.

4° Les hommes autorisés à ne point faire de service, tels que travailleurs, or- ·onnances, font un versement de 8 francs par mois à l'ordinaire.

5° Les hommes qui obtiennent des permissions d'un à huit jours inclusi- ·ement, à solde entière, ne sont pas défalqués de l'ordinaire. Ceux qui en ob- ·ennent au-dessus de huit jours cessent de supporter la retenue de l'ordinaire.

6° Les hommes mariés logés en ville peuvent se faire apporter leur repas les ·urs où ils sont de service, en prévenant à l'avance le brigadier d'ordinaire ; ·s versent à l'ordinaire le prix des journées pendant lesquelles ils y vivent.

7° Les hommes qui obtiennent des permissions d'un à huit jours, en atten- ·ndant des congés de convalescence, ne supporteront pas la retenue de l'or- ·inaire.

8° Tout brigadier puni de prison ou de salle de police subit une retenue de ·0 centimes par journée de punition au profit de l'ordinaire; tout garde puni de ·lle de police ou de prison en subit une de 20 centimes.

ART. 75.

1° Dans tous les achats, le brigadier d'ordinaire est constamment accompa- ·né par deux hommes de corvée, qui doivent être libres d'acheter où bon leur ·emble et de débattre les prix, attendu qu'ils sont en quelque sorte responsa- les de la bonne qualité et du prix des denrées. Cependant le brigadier d'or- ·inaire, qui a plus d'expérience, peut leur indiquer les marchands et les mar- hés les mieux approvisionnés, et leur faire au besoin les représentations con- ·enables.

Brigadier d'or- dinaire et achat de denrées.

2° Les légumes et autres articles achetés à la halle doivent être portés en ·épense le jour même de leur achat, et non en les divisant en détail, au fur et à ·esure qu'on les emploie. Le brigadier indique la quantité de litres ou décali- ·res, bottes, etc., et porte sur une ligne séparée le coût du transport. Les ·ommes de corvée signent les dépenses, qui sont inscrites par le brigadier sur ·e livre d'ordinaire aussitôt le retour au quartier.

3° Les brigadiers tiennent, à tour de rôle, l'ordinaire pendant six mois, à ·noins d'incapacité ou mauvaise gestion; ce dont il est rendu compte au colonel.

ART. 76.

Les dépenses qui peuvent être portées au livre d'ordinaire, sont :

1° Celles nécessaires à l'alimentation et au chauffage des chambres ou cuisines;

Dépenses au compte de l'ordi- naire.

5

2° Une cuisinière et un aide de cuisine, vivant gratis à l'ordinaire, et recevant chacun un salaire de 1 fr. par jour ;

3° Le frater, à raison de 10 centimes par homme et par mois ;

4° Les dégradations faites au casernement, lorsque ceux qui les ont faites ne sont point connus ;

5° Les achats de sacs à pain, éponges, teinture de galons de distinction, de blanc, de cirage et de graisse pour l'entretien des cuirs et des harnais, s'ils sont en commun ; de linge et ustensiles de cuisine ;

6° L'achat et étamage des gamelles en fer battu ;

7° Le blanchissage, à raison d'une chemise et d'un mouchoir par homme et par semaine ;

8° Enfin, les dépenses d'utilité générale, pour lesquelles toutefois l'autorisation en sera demandée au colonel. Le balayage des casernes est payé par les compagnies et escadrons, sur les fonds de l'ordinaire, à raison d'un centime par journée de présence de chaque homme. Les balayeurs n'ont pas droit aux vivres de l'ordinaire.

Art. 77.

Ordre intérieur des casernes.

Les capitaines de police, officiers de semaine, adjudants et sous-officiers de garde à la police et de planton, veillent à l'exécution des dispositions suivantes :

Balayage des casernes.

1° Que le balayage des cours, corridors et escaliers, et des abords et pourtours des casernes, soit terminé de six à sept heures du matin du 1er avril au 31 septembre, et de sept à huit, du 1er octobre au 30 mars. Défense de déposer des ordures sur la voie publique passé les heures désignées ci-dessus. Le balayage doit être exécuté à partir des murs ou bâtiments des casernes jusqu'au milieu de la chaussée. Les immondices doivent être relevées en tas et placées entre les bornes dans les rues sans trottoirs, et le long des ruisseaux, du côté de la chaussée, pour les rues à trottoirs, à chaussée bombée ; enfin, pour celles à trottoirs et à chaussée fendue, les immondices sont placées le long des trottoirs. L'hiver, la glace est relevée en tas, ainsi que la neige. Les balayeurs qui mettent de la négligence dans ce service doivent être immédiatement renvoyés et remplacés ;

2° Qu'il n'existe dans les casernes ni chiens ni volailles ;

Éclairage.

3° Que l'éclairage des cours, corridors, chambrées et écuries, se continue pendant toute la nuit. Les capitaines de police signalent sur leur rapport les négligences qui se commettent dans ce service ;

4° Qu'aucun militaire ne paraisse dans les cours sans être complétement vêtu d'effets d'uniforme ;

5° Que les hommes ne fassent pas d'ordures auprès des baquets disposés dans chaque caserne pour uriner. Ces baquets doivent être goudronnés à leur surface intérieure, conformément à la note ministérielle du 2e semestre 1840, page 549 ;

6° Qu'il ne soit point versé d'urine dans les plombs. Pendant les fortes gelées, défense est faite d'y verser de l'eau. Les ménages qui contreviennent à cette défense sont signalés au colonel, et encourent leur expulsion de la caserne.

Art. 78.

Enfants envoyés à l'école.

1° Les capitaines commandants tiennent la main à ce que tous les enfants au-dessus de cinq ans, logeant ou ne logeant point dans les casernes, soient envoyés à l'école.

2° Aucun militaire ou étranger ne peut coucher à la caserne sans l'autorisation du colonel. Les capitaines commandants, et plus spécialement les capitaines de police et adjudants, sont responsables de l'exécution de cet ordre. Aucun étranger
ne peut coucher à
la caserne.

Art. 79.

1° L'officier de casernement rend compte, par un rapport au chef d'escadron major, des travaux de toute espèce commencés ou en cours d'exécution dans sa caserne, et du nombre d'ouvriers employés; il exprime son opinion sur la manière dont ces travaux sont exécutés, même pour les logements d'officiers. Officier de ca-
sernement.

2° Il adresse tous les mois au major un état des réparations faites et à faire. Dans le cas de réparations urgentes, l'officier de casernement est autorisé à s'adresser directement à l'architecte, et en rend compte ensuite au major.

Art. 80.

Lorsqu'un logement devient vacant, le choix appartient à l'officier le plus ancien dans la caserne. Lorsqu'un officier arrive ou qu'il passe d'une caserne dans une autre, il prend le logement qui est vacant, ou, à défaut, il reçoit l'indemnité, quelle que soit son ancienneté de grade. Logement des
officiers.

Art. 81.

1° Les cantines et les cantiniers sont placés sous la surveillance spéciale des capitaines de police, capitaines adjudants-majors et adjudants. Cantines et can-
tiniers.

2° Chaque cantinier doit être pourvu d'un registre indiquant la date, la quantité et le prix des liquides entrés dans sa cave, et, en regard, les à-compte donnés et certifiés par la signature des vendeurs. Les capitaines de police et adjudants-majors se font représenter souvent ce registre, et y apposent leur visa. Par ce moyen, ils peuvent éclairer le colonel sur les dettes que pourraient contracter les cantiniers.

3° Les cantiniers préviennent l'adjudant de la caserne toutes les fois qu'ils font entrer des provisions de liquides dans la caserne. L'adjudant en rend compte au capitaine de police, qui veille à leur inscription sur le registre et procède à leur dégustation.

4° Il est interdit aux cantiniers de faire aucun crédit aux militaires du corps. L'infraction à cet ordre entraîne de droit l'expulsion du cantinier ou la fermeture momentanée de sa cantine.

5° Les cantiniers doivent informer l'adjudant des dépenses faites chez eux, et qui ne leur auraient point été soldées immédiatement. Celui-ci en rend compte au capitaine de police.

6° Il est interdit aux cantiniers de vendre leurs liquides à un prix plus élevé que celui fixé par les ordres du corps; il leur est interdit de débiter des vins fins en bouteilles. Le vin doit être de bonne qualité, marchande, sans mélange, et vendu au litre, demi-litre et quart de litre.

7° Lorsqu'un militaire du corps se sera enivré dans une cantine, la cantine sera fermée pendant un mois.

8° Les cantiniers ne sont dispensés d'aucun service; ils doivent être constamment dans la tenue de la troupe lorsqu'ils sortent des casernes; ils assistent à tous les appels et à toutes les réunions de la compagnie ou de l'escadron.

9° Le présent article est affiché dans chaque cantine par les soins de l'adjudant.

Art. 82.

Pension des sous-officiers.

1° Tous les sous-officiers, excepté ceux autorisés par le colonel à vivre dans leur ménage, vivent en pension à la cantine de leur caserne, ou forment un ordinaire qu'ils administrent eux-mêmes, ou enfin, dans le cas où il n'y aurait pas un nombre de sous-officiers assez considérable pour former une pension, ils sont autorisés par le colonel à vivre à l'ordinaire des compagnies et escadrons.

2° Les sous-officiers vivant en pension chez les cantiniers, ou s'administrant eux-mêmes, ne peuvent faire un versement moindre de 1 fr. par homme et par jour; ceux vivant aux ordinaires des compagnies et escadrons y versent 5 c. par jour de plus que les gardes.

3° Les retenues à faire, pour la pension des sous-officiers, sont opérées mensuellement par les maréchaux des logis chefs, et remises par eux aux chefs de pension, sur un reçu nominatif.

4° Les sous-officiers en permission d'un à huit jours, à solde entière, pour tout autre cas que celui de convalescence, continuent à payer la pension. Pour toute permission au-dessus de huit jours, ils sont défalqués de l'ordinaire ; ils en préviennent le chef de pension.

5° Les sous-officiers administrant eux-mêmes leur pension, ainsi que les sous-officiers et gardes en ménage, sont autorisés à faire entrer du vin dans la caserne pour leur consommation particulière; mais, sous aucun prétexte, ils ne doivent en vendre ni en céder à aucun militaire non marié, sous peine de punition.

Le capitaine de police visite la pension des sous-officiers, à l'heure des repas.

6° L'adjudant veille à ce que les sous-officiers se trouvent régulièrement aux repas. En cas de réclamation sur la qualité ou la quantité des aliments ou boissons, il en prévient le capitaine de police, qui vérifie si elle est fondée, et, dans ce cas, y fait droit immédiatement au compte du cantinier.

7° Le capitaine de police fait prendre, par l'adjudant, les renseignements nécessaires pour s'assurer que les fournisseurs de la pension des sous-officiers sont payés exactement.

Le présent article sera affiché à la pension des sous-officiers par les soins de l'adjudant.

CHAPITRE III.

Appels de la journée.

Art. 83.

Appel au réveil.

1° Au réveil des deux armes, le brigadier de semaine fait l'appel dans les chambres; il s'informe s'il y a des hommes malades, si les permissionnaires sont rentrés aux heures prescrites, etc., et porte aussitôt au corps de garde le bulletin des hommes malades, sortant de l'hôpital ou rentrant de permission au-dessus de quatre jours, ou de congé, en indiquant la lettre de l'escalier et le numéro de la chambrée; il rend compte au maréchal des logis de semaine, et celui-ci au maréchal des logis chef. Les hommes sortant en patrouille d'une heure à trois heures du matin peuvent rester couchés jusqu'à huit heures du matin.

2° Le maréchal des logis et le brigadier de semaine se rendent aux écuries *Cavalerie.* pour les faire balayer et faire enlever le fumier, ce travail devant être terminé pour le demi-appel du pansage ; ils visitent les licols et reçoivent le rapport des gardes d'écurie sur les événements de la nuit. Le maréchal des logis de semaine fait son rapport au lieutenant de semaine à chaque appel du pansage.

ART. 84.

1° L'appel se fait à rangs ouverts. Les cavaliers tiennent au bras gauche un bouchon de paille, le bridon et la musette contenant une étrille, une brosse, *Appel du pansage.* une époussette, une éponge et un peigne.

2° Pendant le pansage, les licols doivent être attachés au ratelier par la boucle du montant de la sous-gorge.

3° L'officier de semaine passe l'inspection pendant l'appel. Au pansage de deux heures, il fait donner lecture des décisions et ordres du corps, et commander le service. Le 1er et le 2 de chaque mois, il fait donner lecture du Code pénal.

4° Pour les appels du pansage, les cavaliers sont en veste, bonnet de police, *Tenue pour le* pantalon de treillis ou de drap sous celui de treillis, suivant la saison ; sabots et *pansage.* chaussettes. Les cavaliers de piquet sont en veste d'écurie, bonnet de police, pantalon de tenue et grosses bottes. La blouse de pansage n'est mise qu'après l'inspection de l'officier de semaine.

5° Pour le pansage du matin, le maréchal des logis chef est en tenue du matin, ainsi que les sous-officiers (capote et bonnet de police) ; pour celui du soir, ils sont dans la tenue de ville du jour. Le sous-officier de semaine, pour les deux pansages, est en surtout, casque et sabre. Le brigadier de semaine est dans la tenue de la troupe.

6° L'officier de semaine assiste au pansage du matin en capote, bonnet de police et sabre, et, pour celui du soir, en tenue de ville. Le pansage est toujours présidé par un officier de l'escadron.

7° Les cavaliers punis de salle de police en sortent pour le pansage, sous la conduite du brigadier de semaine, qui les y réintègre aussitôt le pansage terminé.

8° L'appel du pansage est rendu au capitaine de police par l'officier de semaine, ainsi qu'à l'adjudant-major de cavalerie, s'il assiste au pansage.

ART. 85.

1° Le pansage a pour but de débarrasser le cheval non seulement de la pous- *Manière de panser les chevaux.* sière qui le couvre, mais encore d'ouvrir par le frottement les pores de la peau et faciliter la transpiration. Il est donc de première nécessité, sous le rapport hygiénique, que le pansage soit fait dehors pendant la belle saison, à moins de mauvais temps reconnu.

2° Pour le pansage, le cheval est attaché par les rênes du bridon, la tête un peu haute. Le cavalier relève le frontal sur la nuque et déboucle la sous-gorge. Les effets de pansage sont placés en ordre en arrière du cheval.

3° Le cavalier tient l'étrille de la main droite, se place près de la croupe, saisit la queue de la main gauche, et passe doucement l'étrille sur toutes les parties charnues du côté droit, allant successivement de la croupe à l'encolure et de l'encolure à la croupe ; il étrille ensuite le côté gauche, tenant la queue de la main droite et l'étrille de la main gauche ; il évite de passer l'étrille sur les parties osseuses et sur les parties de la peau trop minces pour supporter le frottement de cet instrument. Avant de bouchonner, il enlève la crasse à coups légers d'époussette ; il prend ensuite le bouchon, s'approche de la tête du cheval et en frotte toutes les parties ; il bouchonne le côté droit et le côté gauche, et frotte avec soin toutes les parties qui n'ont pas été étrillées.

4º Avant de brosser, il donne un coup d'époussette ; tenant ensuite la brosse de la main droite, et l'étrille, les dents en dessus, de la main gauche, il se replace à la croupe du cheval, et passe d'abord successivement la brosse à rebrousse-poil sur toutes les parties du côté gauche, et ensuite dans le sens du poil ; il en fait autant du côté droit. A chaque coup de brosse, il la passe sur les lames de l'étrille pour en enlever la crasse, et, lorsque l'étrille est chargée, il la frappe à petits coups sur un corps dur en arrière du cheval.

5º Avant d'éponger, le cavalier donne un dernier coup d'époussette, et, prenant d'une main l'éponge imbibée d'eau, et de l'autre le peigne, il éponge les yeux et les naseaux ; puis, imprégnant d'eau les crins du toupet et de la crinière, il y passe le peigne pour les démêler. Il lave le dessous de la queue et le fourreau du cheval ; il éponge toute la queue, dont il peigne toute la partie supérieure ; il passe l'éponge, légèrement humide, sur les extrémités ; il essuie toutes les parties humides du cheval avec l'époussette. Quand la queue est crottée, le cavalier frotte les crins les uns contre les autres, et trempe ensuite le fouet dans l'eau ; il ne passe jamais le peigne dans les crins du fouet, afin de ne pas les arracher. Durant les grands froids, les chevaux ne sont point épongés.

6º Au souper des chevaux, le maréchal des logis et le brigadier de semaine veillent à ce que les écuries soient balayées; ils ne quittent les écuries qu'après que ces soins ont été terminés et que les chevaux ont leur fourrage. Lorsque le pansage est fait dehors, les écuries doivent être aérées le plus possible et nettoyées à fond, particulièrement sous les mangeoires.

Sortie des chevaux des écuries. 7º Pendant l'été, lorsque l'ordre en est donné, les chevaux sont attachés le soir en dehors des écuries, pendant une heure ou deux, pour prendre l'air.

L'officier, le maréchal des logis et le brigadier de semaine sont présents, afin d'éviter les accidents. Pendant ce temps, les écuries devront être nettoyées et aérées à fond.

ART. 86.

Distribution des rations des chevaux. Le maréchal des logis et le brigadier de semaine se rendent au magasin à fourrages pour procéder à la distribution, qui est faite par le brigadier de semaine. Le maréchal des logis surveille cette distribution et demeure responsable de toute erreur ; il conserve la clef du coffre à avoine. L'officier de semaine surveille les distributions ; il vérifie les quantités de fourrage distribuées et celles restant ou entrant en magasin.

ART. 87.

Composition de la ration et repas des chevaux. La ration d'un cheval de la garde républicaine est composée : 1º de 5 kilos de paille ; 2º de 5 kilos de foin ; 3º de 3 kilos 6 hectos d'avoine, qui font environ huit litres et demi. La ration est distribuée, pour les repas, de la manière suivante :

1º Un quart d'heure après le réveil, un tiers de botte de foin ; après le pansage, un tiers de botte de paille et une demi-ration d'avoine ; à midi, un tiers de botte de foin ; à trois heures, après le pansage, un tiers de botte de paille et une demi-ration d'avoine ; à sept heures du soir, un tiers de botte de foin et un tiers de botte de paille. Après chaque pansage, on fait boire et rentrer immédiatement les chevaux dans les écuries, dont les ouvertures doivent être fermées pour éviter les courants d'air.

2º Dès le commencement des froids et jusqu'au retour de la belle saison, les chevaux seront abreuvés dans les écuries. Les tonnes à eau doivent être remplies tous les jours.

ART. 88.

1º On délivre, en remplacement de foin, une quantité double de paille ; en remplacement d'une ration d'avoine, une botte de paille et une de foin ; en remplacement d'une ration d'avoine, deux tiers de cette ration en farine d'orge ; enfin, le son est fourni en quantité double pour une ration d'avoine. *Substitution dans la ration des chevaux.*

2º Un des officiers de semaine pour deux escadrons, ainsi que le maréchal des logis et le brigadier de semaine de chaque escadron, se trouvent à tous les repas des chevaux ; ils veillent à ce que ce service se fasse régulièrement, et à ce que l'avoine soit bien vannée et le foin secoué pour en faire tomber la poussière.

ART. 89.

1º La litière doit être étendue horizontalement et dépasser d'environ un pied la longueur du bas-flanc ; à cet endroit, elle doit être tressée et repliée de manière qu'elle ne puisse pas s'étendre. Une fois que la litière a été bien bordée en arrière et repliée toujours en dessous, il suffit, pour la maintenir, d'avoir le soin d'engager sous le bourrelet, avec la pelle, tout ce qui s'en détache. C'est particulièrement après avoir sorti les chevaux, et à la fin de chaque pansage, que cette opération doit être faite. *Litière des chevaux.*

2º Les gardes d'écurie ne doivent jamais laisser séjourner le crottin sous les chevaux, et, pour l'enlever, ils n'ont qu'à prendre superficiellement la partie de la litière sur laquelle il repose, la secouer dans la vannette et la laisser ensuite sur place.

3º La litière sera relevée tous les samedis. Les chevaux seront sortis pour cette opération ; toutes les portes et croisées seront ouvertes ; toute la litière sera étendue dans la cour ; une heure ou deux après, suivant l'état de la température, la partie de la litière la mieux conservée sera secouée et mise en tas, afin d'éviter son desséchement ; le restant sera encore exposé à l'action de l'air ou du soleil pendant quelques heures, après quoi on le secouera avec les fourches. Tout ce qui pourra être séparé du crottin, par cette seconde opération, servira à former la première couche de la litière. Le produit de la première opération formera la couche supérieure ; le résidu sera porté aux fumiers.

4º Le jour où la litière sera relevée, le pansage du soir sera fait dehors. On sortira les chevaux une demi-heure avant l'appel. Tous les cavaliers seront employés pour déplacer et replacer la litière, sous la surveillance des brigadiers, sous-officiers et de l'officier de semaine. Les chevaux ne seront rentrés qu'après l'opération terminée.

5º Les gardes d'écurie doivent balayer les écuries aussi souvent que cela est nécessaire, et surtout après la botte donnée. Les râteliers et mangeoires des chevaux de service doivent être nettoyés, les licols bouclés au râtelier.

ART. 90.

1º Pour toutes les réunions et les formations en bataille, l'appel sera toujours fait sur le contrôle par rang de taille, dans les compagnies d'infanterie, afin l'habituer les hommes à connaître leur rang et à s'y placer promptement. *Appel du matin. Infanterie.*

Après le troisième roulement, le maréchal des logis chef aligne la compagnie et fait ouvrir les rangs. Au premier coup de baguettes, l'appel commence à la fois dans toutes les compagnies; il est fait par le maréchal des logis chef ou, en son absence, par le maréchal des logis de semaine. Ce dernier, lorsqu'il ne fait point l'appel, se place auprès du maréchal des logis chef pour répondre pour les hommes de service ou absents.

2° Le brigadier de semaine se place à la droite du premier rang. Le lieutenant de semaine passe l'inspection de la compagnie pendant l'appel.

3° Les gardes d'écurie sont placés à la gauche des cavaliers de piquet.

4° Les sous-officiers et gardes logés en ville sont tenus de répondre à tous les appels, excepté à celui de quatre heures. Les gardes logés en ville doivent rentrer chez eux après l'appel du soir, à moins qu'ils n'aient obtenu une permission.

5° Pour l'appel et la parade, les officiers et les maréchaux des logis chefs sont en chapeau et épée; les maréchaux des logis et brigadiers de semaine sont en schako ou casque et sabre; la troupe qui n'est pas de service est en veste et bonnet de police, pantalon de drap; les sous-officiers en bonnet de police, surtout ou capote, suivant la saison.

6° L'appel terminé, le maréchal des logis chef en rend compte au lieutenant de semaine, qui, au deuxième coup de baguettes, rend l'appel au capitaine de police. Le maréchal des logis chef fait serrer les rangs, former le cercle; le lieutenant de semaine fait donner lecture à la troupe, par le fourrier, des ordres et décisions, et fait commander nominativement le service du lendemain par le maréchal des logis chef. Le 1er et le 2 de chaque mois, il fait donner lecture du Code pénal.

7° La lecture des ordres terminée et le service commandé, le capitaine de police fait battre la berloque, et les compagnies rompent les rangs, d'après l'ordre qui en est donné par le lieutenant de semaine. Les gardes d'écurie sont envoyés à leur poste. (Chaque ordre et décision de principe doit être lu à deux appels consécutifs.)

8° Le capitaine de police fait ensuite rappeler pour la garde. Alors, les maréchaux des logis et brigadiers de semaine réunissent les hommes de service par compagnie pour l'inspection du capitaine de police, et, cette inspection terminée, l'adjudant forme les postes.

9° Les postes étant formés, les officiers et sous-officiers de semaine se placent devant le front de la troupe, sur quatre rangs, par ordre de compagnie et escadron, de manière que la dernière compagnie soit à hauteur et faisant face à la droite de la garde. L'adjudant se place à la gauche du maréchal des logis chef de la dernière compagnie. Le capitaine de police fait ensuite exécuter quelques temps du maniement d'armes, et fait défiler la garde à son commandement.

10° Si l'officier supérieur de semaine se présente avant le défilé, le capitaine de police prend ses ordres.

11° Les officiers de cavalerie assistent à la parade en tenue du pansage du matin : bonnet de police, sabre, capote ou surtout, suivant la saison.

ART. 91.

L'appel de quatre heures est fait dans les chambres par le maréchal des logis de semaine, qui le rend au maréchal des logis chef et à l'adjudant. Cet appel n'a lieu que pour l'infanterie.

ART. 92.

1° L'appel du soir est fait dans les chambres, à haute voix, par le maréchal des logis de semaine, qui tient correctement un contrôle pour cet appel.

2° L'officier de semaine, le maréchal des logis chef et le brigadier de semaine sont présents. Le maréchal des logis chef constate, à l'appel du soir, l'absence des sous-officiers qui ne sont point rentrés; leur nom est remis au maréchal des logis de garde à la police, avec celui des hommes en permission de minuit, de dix heures, ou qui doivent être de service pendant la nuit. Les sous-officiers qui ne sont point sortis au moment de l'appel du soir doivent en prévenir le maréchal des logis chef, afin qu'ils ne soient point portés absents. L'appel est rendu par écrit, au capitaine de police, par l'officier de semaine.

Appel du soir.

ART. 93.

L'adjudant fait de temps à autre le contre-appel des sous-officiers; il en rend compte au capitaine de police. Le maréchal des logis chef fait le contre-appel de sa compagnie ou escadron, quand il suppose que des hommes se sont esquivés du quartier; il en rend compte au capitaine de police, au capitaine et au lieutenant de semaine de sa compagnie ou escadron.

Contre-appel.

ART. 94.

1° Tout commandant de compagnie doit prescrire des recherches aussitôt qu'un militaire manque aux appels; il prend tous les renseignements nécessaires afin de connaître ses habitudes et d'arriver promptement à découvrir sa retraite pour le faire arrêter, et l'empêcher de compromettre sa position ou la considération du corps.

Hommes manquant aux appels.

2° Le capitaine doit indiquer, sur sa situation, s'il croit pouvoir le découvrir; il doit, s'il suppose qu'il a déserté, faire visiter ses effets et en dresser l'inventaire en double expédition.

ART. 95.

1° L'officier de piquet fait l'appel du piquet chaque fois qu'il le juge nécessaire, afin de s'assurer de la présence des hommes. Si cet appel a lieu le matin, à l'heure du pansage, le maréchal des logis de semaine de cavalerie répond pour les cavaliers de piquet. Les hommes d'infanterie sortis en patrouille d'une à trois heures du matin seront dispensés de se trouver à cet appel; le sous-officier de piquet en tient note, afin de les faire lever promptement, si le piquet devait marcher.

Appel du piquet.

2° Pour l'appel du piquet, les hommes sont en tenue de service et armés; mais, si cet appel a lieu peu d'instants avant le pansage, les cavaliers de piquet viennent répondre en veste d'écurie, bonnet de police, pantalon de tenue et grosses bottes.

Tenue pour les appels du piquet.

CHAPITRE IV.
Service général.
ART. 96.

Heures du service d'hiver, du 1er octobre au 31 mars.

6 heures.	Réveil pour les deux armes.
6 —	Signature des rapports par le capitaine de police et capitaines commandants; remise des pièces au capitaine de police.

6 heures 1/4.	Déjeuner des chevaux.
6 — 1/2.	Arrivée des plantons à l'état-major.
6 — 3/4.	Corvée de propreté intérieure et extérieure des casernes.
6 — 3/4.	Demi-appel pour le pansage.
7 —	Appel et pansage jusqu'à 8 heures.
7 —	Ouverture des portes de la caserne.
8 —	Visite des chirurgiens.
8 — 1/2.	Réunion des maréchaux des logis fourriers à l'état-major.
8 — 1/2.	Roulement de la soupe.
8 — 3/4.	Assemblée et inspection des hommes de service par les maréchaux des logis de semaine.
9 — 10ᵐ.	Rappel aux tambours.
9 — 1/4.	Appel pour les compagnies d'infanterie et les cavaliers de service ; inspection et défilé de la garde immédiatement après l'inspection.
9 — 1/2.	Repas des sous-officiers.
9 — 1/2.	Cours élémentaire, tous les jours de la semaine, excepté le dimanche, pour les deux armes, jusqu'à 11 heures 1/2. Les jours de promenade des chevaux, les cavaliers seront dispensés de se trouver au cours élémentaire.
10 — 1/4.	Promenade des chevaux jusqu'à 11 heures 1/4. (*Voir* le tableau de travail.)
11 — 1/2.	Service supplémentaire du jour et service du lendemain, affichés dans la boîte du service.
11 — 3/4.	Cours de rédaction, pour les deux armes, jusqu'à 1 heure 3/4, les mardis, jeudis et samedis.
Midi.	Dîner des chevaux. Les jours de travail, les chevaux mangent le repas de midi à la descente de cheval.
Midi.	Exercice des deuxièmes classes d'infanterie, jusqu'à 2 heures 1/2.
1 heure.	Réunion d'un maréchal des logis chef par caserne, à l'état-major, pour copier les ordres et décisions de la journée.
1 — 3/4.	Demi-appel pour le pansage.
2 —	Appel et pansage, jusqu'à 3 heures.
3 — 1/4.	Deux coups de baguettes pour le repas des hommes de service dans les théâtres.
3 — 1/2.	Départ des porteurs de soupe dans les postes.
3 — 3/4.	Inspection et défilé des hommes de service dans les théâtres par le capitaine de police.
4 —	Roulement de la soupe du soir et appel, dans les chambres d'infanterie, par le maréchal des logis de semaine.
4 — 1/4.	Repas des sous-officiers.
7 —	Souper des chevaux.
» —	Retraite à l'heure fixée par la place.
9 —	Appel du soir.
9 —	Fermeture des portes de la caserne.
10 —	Rentrée des sous-officiers.
10 — 1/2.	Extinction des feux.

Un officier de semaine, par deux escadrons, surveillera les repas des chevaux.

L'adjudant affichera une copie de cet article au corps de garde de police de sa caserne, lorsque l'ordre sera donné de prendre le service d'hiver.

ART. 97.

Heures du service d'été, à partir du 1er avril au 30 septembre.

5 heures.		Réveil pour les deux armes.
5	1/4.	Déjeuner des chevaux.
5	1/4.	Signature des rapports par le capitaine de police et capitaines commandants; remise des pièces au capitaine de police.
5	3/4.	Demi-appel pour le pansage.
5	3/4.	Corvée de propreté intérieure et extérieure des casernes.
6	—	Appel et pansage, jusqu'à 7 heures.
6	—	Ouverture des portes de la caserne.
6	—	Arrivée des plantons à l'état-major.
6	1/2.	Exercice de la 2e classe d'infanterie, jusqu'à 8 heures 1/4.
7	—	Visite des chirurgiens.
7	1/4.	Promenade des chevaux, jusqu'à 8 heures 1/4. (*Voir* le tableau de travail.)
8	1/2.	Roulement de la soupe.
8	1/2.	Réunion des maréchaux des logis fourriers à l'état-major.
8	3/4.	Assemblée et inspection des hommes de service par les maréchaux des logis de semaine.
9	10m.	Rappel aux tambours.
9	1/4.	Appel pour les compagnies d'infanterie et les cavaliers de service; inspection et défilé de la garde immédiatement après l'inspection.
9	1/2.	Repas des sous-officiers.
9	1/2.	Cours élémentaire, tous les jours de la semaine, excepté le dimanche, pour les deux armes, jusqu'à 11 heures 1/2.
11	1/2.	Service supplémentaire du jour et service du lendemain, affichés dans la boîte du service.
11	3/4.	Cours de rédaction, pour les deux armes, jusqu'à 1 heure 3/4, les mardis, jeudis et samedis.
Midi.		Dîner des chevaux.
1 heure.		Exercice de la 2e classe, jusqu'à 2 heures 3/4.
1	—	Réunion d'un maréchal des logis chef par caserne, à l'état-major, pour copier les ordres et décisions de la journée.
1	3/4.	Demi-appel pour le pansage.
2	—	Appel et pansage, jusqu'à 3 heures.
3	1/4.	Deux coups de baguettes pour le repas des hommes de service dans les théâtres.
3	1/2.	Départ des porteurs de soupe dans les postes.
3	3/4.	Inspection et défilé des hommes de service dans les théâtres par le capitaine de police.
4	—	Roulement de la soupe du soir et appel, dans les chambres d'infanterie, par le maréchal des logis de semaine.

4 heures 1/4. Repas des sous-officiers.
7 — 1/2. Souper des chevaux.
» —   Retraite à l'heure fixée par la place.
9 — 1/2. Appel du soir.
9 — 1/2. Fermeture des portes de la caserne.
10 — 1/2. Rentrée des sous-officiers.
11 —   Extinction des feux.

Les jours d'instruction à cheval, on donnera aux chevaux, avant de partir de la caserne, un demi-repas d'avoine, sans faire boire. En rentrant, les chevaux mangeront le foin et les cavaliers la soupe. A 9 heures 1/4, appel et pansage pour bouchonner seulement les chevaux et les faire boire; on leur donnera ensuite le second demi-repas d'avoine.

Un officier de semaine, par deux escadrons, surveillera les repas des chevaux.

L'adjudant affichera une copie de cet article au corps de garde de police de sa caserne, lorsque l'ordre sera donné pour le service d'été.

ART. 98.

Rapport chez le colonel.

1° Tous les jours de la semaine, le rapport général a lieu, à huit heures et demie, au bureau de l'adjudant-major chargé de la direction du service.

Le lieutenant colonel, le chef d'escadron, l'adjudant-major de semaine, le chirurgien-major et l'artiste vétérinaire en premier, assistent au rapport; le tambour et le trompette-major alternent par semaine pour assister au rapport.

Le chef d'escadron major et le trésorier se rendent directement au bureau du colonel.

2° A huit heures et demie, l'adjudant-major de semaine fait l'appel des maréchaux des logis fourriers des compagnies et escadrons, réunis à la salle des rapports.

3° Le lieutenant colonel prend immédiatement connaissance du rapport général, qu'il fait lire à haute voix par l'adjudant-major de semaine, et le soumet ensuite au colonel avec ses observations.

L'adjudant-major chargé de la direction du service remet, à huit heures et demie du matin, au colonel, le portefeuille contenant les rapports de tous les services des vingt-quatre heures. L'adjudant-major de semaine inscrit sur le carnet des décisions toutes celles que lui dicte le colonel. Le rapport terminé, il dicte lui-même ces décisions aux maréchaux des logis fourriers, et les collationne ensuite avec soin.

4° Le dimanche, le capitaine adjudant-major, chargé de la direction du service, soumet le rapport au colonel. Les adjudants seuls s'y trouvent en tenue du matin. Dans la semaine, ils restent au quartier pour assembler la garde ; dans ce dernier cas, ils sont remplacés au rapport par le maréchal des logis fourrier le plus ancien de la caserne, qui doit être porteur du carnet de décisions de l'adjudant.

5° Le lieutenant colonel dispense le chef d'escadron de semaine d'assister au rapport, chaque fois que cet officier supérieur doit assister à la parade de l'une des casernes du corps.

6° Le maréchal des logis chef de petite semaine d'adjudant, dans chaque caserne, se rend tous les jours, à une heure, à la salle des rapports, porteur du carnet de décisions de l'adjudant, pour copier les ordres et décisions donnés depuis le rapport général.

7° Le nom des officiers supérieurs entrant en semaine est dicté tous les samedis au rapport, afin que les capitaines de police puissent en prendre connaissance. L'adjudant-major chargé de la direction du service remet tous les samedis aux colonel, lieutenant colonel et chef d'escadron de semaine, un état conforme au modèle indiqué, des officiers de tous grades entrant en semaine.

ART. 99.

Afin de ne point dégarnir complétement les chambrées, en raison de leur formation, d'après le contrôle, pour l'ordre en bataille, le contrôle pour commander tous les services est fait de la manière suivante :

Règles générales pour commander le service.

1° Le plus ancien garde prend le n° 1 du contrôle, le moins ancien le n° 2; le second plus ancien prend le n° 3 ; l'avant-dernier, par rang d'ancienneté, le n° 4, et ainsi de suite.

2° Ce contrôle est renouvelé et rectifié le premier jour de chaque trimestre. Les nouveaux admis, après l'établissement de ce contrôle, y sont intercalés de distance en distance.

3° Les tours de service sont ainsi établis : premier tour, la garde; deuxième tour, le piquet ; troisième tour, les théâtres, soirées ou bals.

Tours de service.

4° Le tour de garde est invariable, c'est-à-dire qu'il ne peut être avancé ni reculé sans une nécessité absolue et motivée.

Les deux autres tours sont subordonnés au premier, et peuvent être avancés ou reculés, suivant leur ordre numérique.

5° Le maréchal des logis chef a toujours soin de laisser au moins un jour d'intervalle entre le tour de garde et celui de piquet de vingt-quatre heures, c'est-à-dire qu'un homme ne peut être commandé de piquet qu'au moins l'avant-veille de sa garde ou le lendemain du jour où il l'a descendue.

6° Les hommes commandés de piquet éventuel peuvent, ainsi que ceux de théâtre, être commandés de garde le lendemain de ce service, si leur tour les y appelle.

7° Les hommes peuvent être commandés de théâtre à la descente de leur garde ou piquet, ainsi que la veille de ces deux services.

8° Sous aucun prétexte, le maréchal des logis chef ne doit commander de garde à celui des hommes que leur tour appelle à monter en ville. Lorsqu'un homme de service est indisposé ou absent au moment de la parade, il est remplacé par le premier homme à marcher pour le service du lendemain. Le maréchal des logis chef informe immédiatement le tambour ou trompette-major de semaine des absences ou mutations qui surviennent parmi les tambours ou trompettes de sa compagnie ou escadron; il informe également l'officier directeur de l'école lorsqu'un homme de sa compagnie change de compagnie.

9° Les tambours commandés de garde assistent à la parade, et se rendent, après le défilé, à l'endroit où le poste doit se réunir, à moins qu'il ne soit fourni par la caserne; dans ce cas, ils l'accompagnent. Les trompettes ne montent la garde qu'au quartier, et ils ne peuvent se faire remplacer que pour des motifs urgents.

Ceux qui sont autorisés à jouer dans les théâtres ou bals publics peuvent se faire remplacer, dans leur service, à partir de quatre heures seulement, d'après l'autorisation du capitaine de police.

Remplacement de service.

10° L'adjudant accorde les remplacements de service aux sous-officiers et brigadiers; il en rend compte au capitaine de police et en prévient le maréchal des logis chef de la compagnie ou escadron. Pour les gardes, le changement est accordé par l'officier de semaine. Le maréchal des logis chef rend compte à son capitaine de tous les changements de tours de service accordés.

Art. 100.

Rapports de service et pièces a-dressées à l'état-major.

1° Tous les rapports de service sont établis sur des imprimés, adoptés par le corps, dont le modèle est déposé au bureau de l'adjudant major chargé de la direction du service.

2° Ils sont remis, ainsi que toutes les pièces qui doivent parvenir au colonel, à l'adjudant de la caserne, qui les adresse à l'état-major par le planton du matin ou par le sous-officier qui se rend à une heure à l'état-major.

Art. 101.

Ordonnances des officiers supérieurs et capitaines pour le service de rondes et détachements.

1° Lorsque les capitaines d'infanterie sont commandés pour un grand service, ils désignent un des cavaliers placés sous leurs ordres pour leur servir d'ordonnance, si ces cavaliers sont fournis par l'escadron de leur caserne. Dans le cas où ils n'auraient point de cavaliers sous leurs ordres, ou s'il n'en existe point dans leur caserne, l'adjudant-major chargé de la direction du service y pourvoit.

2° Pour leur service de ronde, les capitaines d'infanterie prennent leur ordonnance dans la caserne, s'il y existe des cavaliers; dans le cas contraire, ils la font commander au poste de la Préfecture de police.

3° Les officiers montés ne doivent faire le service de ronde qu'en tenue de service et à cheval. En cas d'empêchement, ils en indiquent le motif sur leur rapport. Ils doivent avoir le harnachement d'ordonnance et être escortés par un cavalier marchant à dix pas derrière eux. L'heure fixée par l'état-major pour les rondes est celle du départ de la caserne.

4° Lorsque les officiers supérieurs sont de service à cheval, ils font commander une ordonnance dans la caserne de cavalerie la plus à leur portée.

Art. 102.

Ordonnances pour panser les chevaux des officiers.

1° Les officiers sont autorisés à prendre, dans leur compagnie ou escadron, une ordonnance pour panser leurs chevaux et entretenir leurs armes. Ces gardes doivent être à l'école de bataillon ou d'escadron. Ils ne sont dispensés d'aucun service, ils ne peuvent payer leur service à leur compagnie que d'après l'autorisation du colonel. Les ordonnances des officiers supérieurs et de l'état-major sont prises dans l'infanterie.

2° En raison des éventualités qui obligent les officiers supérieurs et capitaines à monter instantanément à cheval, leurs ordonnances sont commandées de préférence pour le service de la police. Elles sont autorisées à s'absenter au moment des pansages, et peuvent se faire remplacer du piquet ordinaire et éventuel.

Art. 103.

Innovations dans le service.

Il est défendu à tous les officiers et sous-officiers du corps de faire aucune innovation, dans les pratiques habituelles du service, sans en avoir obtenu l'autorisation du colonel.

Art. 104.

1° Chaque fois que les casernes sont consignées, tous les officiers et mili- Casernes consi-
taires du corps doivent se rendre dans leur caserne. Les officiers ne peuvent gnées.
s'absenter que pour prendre leurs repas à proximité de la caserne, et après en
avoir obtenu l'autorisation du chef qui la commande. Ils sont toujours en tenue
de service, moins la coiffure. La cavalerie a les grosses bottes. Les officiers et la
troupe doivent se tenir prêts à marcher.

2° Aussitôt que la caserne est consignée, l'officier le plus élevé en grade, ou,
à grade égal, le plus ancien, en prend le commandement, qui cesse, dans ce cas,
avec la levée de la consigne. Les chirurgiens et officiers d'état-major sont prévenus par l'adjudant et se rendent à leur caserne.

3° La consigne est levée de droit le lendemain matin, si les plantons ne rap-
portent point d'ordres contraires.

4° Les officiers d'administration, maîtres ouvriers, secrétaires et ouvriers,
resteront dans les casernes; mais ils ne seront astreints à se mettre en tenue et
à prendre les armes que d'après l'ordre exprès du colonel.

Art. 105.

1° La force numérique de la garde de police, dans les casernes, est réglée, sui- Garde de police
vant les localités, par le capitaine adjudant-major chargé de la direction du ser- et piquet.
vice, qui prend à cet égard les ordres du colonel.

2° La force numérique des piquets est réglée de la même manière, ainsi que
pour le cas où les piquets doivent être doublés. Elle est calculée de manière à
ce qu'ils puissent fournir le service des patrouilles de nuit.

3° Le service des patrouilles de nuit ne devant point être interrompu, les
hommes de piquet ne marcheront que de jour aux incendies et pour les réquisitions; une heure avant l'appel du soir, s'ils n'étaient point rentrés, l'adjudant
les ferait relever par des hommes commandés dans les compagnies.

4° Les services éventuels ordonnés par l'état-major seront commandés en
dehors des piquets, et répartis également par l'adjudant entre les compagnies
ou escadrons de sa caserne.

Art. 106.

1° Le service des patrouilles s'étend sur les quarante-huit sections qui com- Service des pa-
posent les douze arrondissements de Paris; il se divise en patrouilles de sûreté, trouilles.
fournies par les casernes et les postes de place, et en patrouilles armées, fournies par les postes rentrant des théâtres, bals ou soirées.

2° Les patrouilles de sûreté d'infanterie sont armées du sabre seulement,
sous la capote ou le manteau, suivant la saison, et coiffe sur le schako. Chacune
de ces patrouilles, infanterie et cavalerie, est composée d'un maréchal des logis
ou brigadier et de deux gardes, ou de trois gardes, dont le plus ancien est chef
de patrouille. Les patrouilles rentrant des théâtres sont composées d'un
maréchal des logis ou brigadier et quatre gardes, ou de quatre à cinq gardes,
dont le plus ancien est chef de patrouille.

3° Chaque fois que les patrouilles de sûreté sont dans la section qu'elles doivent explorer, les gardes marchent au pas ordinaire, en longeant les maisons
à droite et à gauche; le chef marche à dix ou douze pas en arrière.

4° Les patrouilles de cavaliers à pied marchent au pas ordinaire, l'arme sur
l'épaule droite; les patrouilles à cheval marchent constamment un pas réglé;

celles d'infanterie en armes marchent réunies en silence et au pas ordinaire, l'arme au bras.

5° La durée d'exploration des patrouilles de sûreté est fixée à deux heures, l'itinéraire indique les rues qui circonscrivent la section, son numéro, celui de l'arrondissement et l'adresse du commissaire de police de la section à explorer, ainsi que les postes où les chefs doivent faire signer cet itinéraire.

6° Le parcours des patrouilles rentrant des théâtres et bals est déterminé sur les itinéraires par les soins de l'adjudant, qui doit combiner ce service de manière à faire rentrer ces patrouilles par des chemins différents.

7° Les chefs des patrouilles appelées à surveiller les sections limitrophes des murs d'enceinte se portent dans les rues qui aboutissent aux barrières, afin de prévenir ou réprimer les attaques ou querelles qui produisent si souvent des résultats déplorables. Cette surveillance doit s'exercer principalement sur ces localités jusqu'à une heure du matin.

8° Enfin, les chefs de patrouille doivent déployer une surveillance active et intelligente dans ce service, chercher par tous les moyens possibles à arrêter les malfaiteurs, qui d'habitude exercent leur coupable industrie dans les ténèbres, et se conformer à la troisième section du premier chapitre et à la sixième du chapitre IV de l'*Instruction municipale*, concernant les arrestations et la manière de faire les patrouilles.

ART. 107.

Garde des théâtres.   1° Les sous-officiers et gardes se conforment, pour le service des théâtres, bals et soirées particulières, aux prescriptions contenues dans l'instruction municipale relative à ces services, ainsi qu'aux prescriptions de la consigne particulière à chaque établissement; toutefois, ils rendent compte, dans leur rapport, si, dans les représentations, il se passe, de la part des acteurs, quelques mauvaises plaisanteries ou charges sur la garde républicaine.

2° La garde des théâtres défile en tous temps à trois heures trois quarts. Elle est inspectée par le capitaine de police, lorsqu'elle est composée de vingt hommes au moins; dans le cas contraire, l'inspection en est faite par l'adjudant. Toutefois, si un officier supérieur se présente au moment du défilé, le capitaine de police en est prévenu et doit s'y trouver, quel que soit le nombre des hommes présents.

3° Après l'inspection, l'adjudant réunit en cercle les chefs de poste et leur donne le mot d'ordre; le capitaine de police commande ensuite le défilé.

4° Lorsque le mot d'ordre est changé, l'adjudant en donne avis au capitaine de police, et envoie le nouveau mot cacheté dans tous les établissements fournis par la caserne.

Service salarié.   5° Il n'y a qu'un seul tour pour tous les services salariés. Les hommes sont commandés à tour de rôle. (*Voir*, pour la rétribution de ce service, le tarif, page 111 de l'*Instruction municipale*, petit format.)

ART. 108.

Remplacement des sous-officiers et brigadiers absents.   1° Lorsqu'un sous-officier ou brigadier doit être absent pour plus de huit jours, soit par permission, maladie ou autre motif, le commandant de la compagnie ou de l'escadron propose au colonel, sur la situation journalière, son remplacement momentané par un sujet pris parmi les candidats au grade du militaire absent et par rang d'ancienneté.

2° Les adjudants ont soin, en commandant le service, de placer ces brigadiers ou gardes, faisant fonctions du grade supérieur, dans les postes commandés par un chef titulaire du grade dont ils font les fonctions, ou de leur donner les postes les moins nombreux et les moins importants.

ART. 109.

1° Dans chaque compagnie, les sections sont désignées, à tour de rôle, Incendies. pour marcher la nuit, dans le cas où un incendie viendrait à se manifester. Dans chaque escadron, un peloton est désigné pour le même service. Les hommes de ces sections ou pelotons doivent être prévenus à l'avance qu'ils sont les premiers à marcher pour ce service. Les hommes de piquet ne devant pas marcher la nuit pour le service des incendies, le maréchal des logis chef commande, dans la section qui est la première à marcher, quatre hommes en armes, pour accompagner les travailleurs. Chaque escadron fournit également trois cavaliers à cheval pour ce service. Ces hommes armés sont placés sous le commandement d'un sous-officier commandé par l'adjudant, et sous les ordres de l'officier de piquet, qui prend le commandement des détachements armés et non armés.

2° Les hommes qui rentrent du service des théâtres, bals et soirées, les brigadiers d'ordinaire et les plantons de cuisine, ne marchent point pour ce service. Les hommes commandés de garde pour le lendemain sont renvoyés du lieu d'incendie à quatre heures du matin, avec avis au capitaine de police de les faire remplacer à l'incendie, si le service l'exige.

3° Aussitôt que le maréchal des logis de garde à la police est prévenu la nuit qu'un incendie vient d'éclater, il en donne immédiatement avis à l'adjudant, qui en prévient le capitaine de police. L'adjudant fait préalablement donner un premier avertissement au moyen de trois coups de baguettes, et fait éveiller en même temps le lieutenant de piquet, ainsi que les sous-officiers et brigadiers de semaine, qui se hâtent de faire descendre les hommes de la section ou du peloton qui doit marcher pour le service des travailleurs, ainsi que les hommes commandés pour marcher en armes, sans avoir égard au service commandé pour le lendemain.

4° Lorsqu'un incendie se manifeste le jour, à partir de l'ouverture des portes de la caserne, le capitaine de police réunit les hommes présents à la caserne, et envoie des détachements de la force indiquée ci-dessus. Il n'est pas commandé d'hommes armés dans les compagnies, mais seulement les trois cavaliers à cheval prescrits au § 1er de cet article. Les hommes du piquet de vingt-quatre heures marchent avec les travailleurs, et si, à sept heures du soir, ces hommes de piquet ne sont point rentrés, l'adjudant les fait relever par des hommes armés commandés dans les compagnies.

5° Le lieutenant de piquet, après avoir pris les ordres du capitaine de police, se rend immédiatement sur le lieu du sinistre avec les hommes en armes et les travailleurs, munis de seaux à incendie, si la caserne en est pourvue.

Aussitôt après son arrivée, il détache l'un des trois cavaliers pour venir rendre compte au capitaine de police de la gravité de l'incendie.

6° Le capitaine de police, d'après les renseignements qui lui parviennent, peut, si les circonstances l'exigent, envoyer un nouveau détachement sur le lieu du sinistre. Il en donne le commandement à l'un des officiers de semaine.

7° Si l'incendie offre un caractère de gravité, le capitaine de police en prévient l'officier supérieur commandant la caserne, qui se rend alors sur les lieux pour prendre la direction du service. A défaut d'officier supérieur, le capitaine de police s'y rend lui-même, après s'être fait remplacer à la caserne par le plus ancien des officiers de semaine. Dans ce cas seulement, le capitaine de police informe immédiatement le colonel commandant de la gravité de l'incendie. Les feux de cheminée et les incendies qui ne présentent aucun danger sont simplement mentionnés sur le rapport du capitaine de police.

8° Le capitaine de police ne doit jamais dégarnir entièrement la caserne; il doit y laisser toujours, savoir : dans les casernes de trois compagnies ou escadrons, cent hommes, y compris la garde de police et le piquet, et cinquante hommes dans celles de moins de trois compagnies ou escadrons.

9° L'officier le plus élevé en grade, ou, à grade égal, le plus ancien de ceux qui se trouvent réunis sur le lieu de l'incendie, prend la direction du service, et envoie un sous-officier à l'état-major de la division et à celui de la place prévenir le capitaine de service.

10° Les hommes en armes qui se trouvent à l'incendie sont exclusivement chargés de faire la police et de surveiller les objets qui sont déposés sur la voie publique; les piquets des travailleurs sont exclusivement chargés de former la chaîne pour le transport de l'eau, et d'aider à la manœuvre des pompes. Les hommes ne doivent jamais pénétrer dans les maisons, pour déménager les meubles, sans en être formellement requis par les commissaires de police ou officiers de paix présents sur les lieux, ou les chefs des maisons incendiées.

Seaux à incendie. 11° Les seaux à incendie sont laissés sur les lieux, réunis, autant que possible, dans un seul emplacement. L'officier de casernement fait connaître immédiatement au commandant des sapeurs-pompiers le nombre de seaux laissés sur le lieu de l'incendie, et ils sont rendus le lendemain aux gardes chargés de les réclamer, sur un bon qui leur est délivré par l'officier de casernement.

Rapport du chef de détachement; blessures. 12° L'officier de service signale avec soin, sur son rapport, les hommes qui se sont distingués le plus particulièrement par leur zèle, leur dévouement et leur intelligence, et ceux qui reçoivent des blessures. (*Voir* l'art. 227.)

Après le renvoi des détachements, s'il est obligé de laisser des hommes sur le lieu du sinistre, il en fait également mention. Il indique, sur ce rapport, l'heure de son arrivée et de son départ, les causes du sinistre, les accidents survenus, le nom du propriétaire, celui de la rue, le numéro de la maison incendiée et la perte approximative.

Ce rapport est envoyé à l'état-major aussitôt la rentrée du détachement.

Effets détériorés. 13° Les hommes dont les effets seraient détériorés, par suite du service, devront les présenter au chef de détachement qui leur délivrera, dans les vingt quatre heures, un certificat constatant les dégradations.

ART. 110.

Défenses faites aux militaires du corps. Il est interdit aux militaires du corps :

1° De se trouver aux barrières après la retraite, même étant en permission;

2° De se baigner isolément ailleurs que dans un bain couvert;

3° D'agir d'autorité lorsqu'ils sont dans des endroits publics pour leur plaisir; dans ce cas, si des bourgeois leur cherchent querelle, ils doivent s'adresser au commissaire de police pour obtenir justice;

4° D'intervenir dans les discussions qui ont lieu entre des particuliers et les cochers de voitures de place, lorsqu'ils sont en station : les surveillants de voitures ont seuls qualité pour trancher ces sortes de difficultés; ils ne doivent in-

ervenir que lorsqu'ils en sont requis par ces surveillants ou une autre autorité,
u dans le cas d'absence des surveillants ;

5° De se servir, dans la rédaction des procès-verbaux ou demandes, des an-
iennes dénominations de poids et mesures : ils ne doivent employer que les
ouvelles dénominations ;

6° De se faire pratiquer des opérations chirurgicales ou traiter pour maladie
ar d'autres chirurgiens que ceux du corps, sans en avoir obtenu l'autorisation
u colonel ;

7° De fréquenter les lieux et maisons défendus dont la nomenclature est affi-
hée dans les compagnies et escadrons ;

8° De dépasser, sans une permission écrite et signée du colonel, les limites de
a garnison indiquées sur un tableau affiché dans les compagnies et escadrons.

Art. 111.

1° Tout militaire du corps assigné comme témoin devant les tribunaux
oit en prévenir le capitaine de la compagnie ou escadron, qui en rend compte
ur la situation journalière. **Assignations, hommes demandés à l'état-major.**

2° Sous aucun prétexte, aucun militaire du corps ne doit manquer de se
endre à l'heure fixée devant les tribunaux ou à l'état-major, s'il y est appelé :
il était de service, il en préviendrait le maréchal des logis chef, qui le ferait
emplacer momentanément ou entièrement, suivant le cas.

Art. 112.

1° Tout militaire du corps qui trouve des papiers ou objets sur la voie pu-
lique doit les porter de suite au bureau de l'état-major du corps, avec une
ote indiquant le jour, l'heure et l'endroit où ils ont été trouvés. **Objets trouvés sur la voie publi-que.**

2° Lorsqu'ils sont trouvés dans un établissement public, ils sont remis au
ommissaire de police ou officier de paix de service. Avis en est donné au chef
e l'établissement. Le chef du poste en fait mention sur son rapport.

3° Défense est faite aux gardes de réclamer aucune indemnité pour la remise
e ces objets : elle ne peut être que volontaire de la part des propriétaires des-
its objets.

Art. 113.

Il est expressément défendu, conformément à l'art. 275 de l'ord. du 29 oc-
obre 1820, à tout militaire du corps de tenir cabaret, commerce, métier ou
rofession quelconque ; les femmes ne peuvent également, dans la résidence
e leur mari, tenir cabaret, billard, café ou tabagie. Ceux qui contreviendraient
ces dispositions doivent être signalés au colonel. **Défense de te-nir des établisse-ments commer-ciaux.**

Art. 114.

Conformément à une décision ministérielle du 30 septembre 1840, tous les
ilitaires du corps sont exempts du droit de péage sur tous les ponts de la ca-
itale, lorsqu'ils sont en tenue, même du matin. **Péage sur les ponts.**

Art. 115.

1° Il est ordonné à tout commandant de détachement en marche de le con-
uire militairement, et de veiller à ce que les hommes qui en font partie aient
onstamment une belle attitude. Les cavaliers doivent marcher botte à botte et
bserver leur distance. **Détachements en marche.**

2° Il est enjoint aux sous-officiers, brigadiers et cavaliers qui portent des dé-
êches, d'être bien placés à cheval, que leur pose soit celle de bons cavaliers,

d'être munis de leurs gants et de n'aller qu'au petit trot, à moins d'ordres contraires.

ART. 116.

Soins à donner aux chevaux pour éviter les maladies.

Afin de prévenir, autant que possible, les maladies des chevaux, les cavaliers observeront les précautions suivantes :

1° En rentrant de course, ils reviendront au pas, ne débrideront qu'à l'écurie, ne feront boire leurs chevaux qu'une heure après la rentrée.

2° Aussitôt après les avoir bouchonnés, ils leur mettront la couverte.

Vedettes.

3° Les hommes placés en vedette pour le service de nuit ne doivent point rester complétement en place : ils font marcher leurs chevaux quelques pas, et ont soin de les couvrir en rentrant à la caserne.

Ordonnances à cheval.

4° Dans les postes où il n'y a que deux gardes et un brigadier, lorsque les gardes ont fait chacun deux courses, le brigadier fait la cinquième.

Il est fourni, dans chaque poste de cavalerie, des caparaçons pour couvrir les chevaux à leur rentrée de course.

Chevaux montés dans la cour ou hors la caserne.

5° Les chevaux malades pourront être promenés en main ou montés dans les cours, d'après l'avis de l'artiste vétérinaire et sur l'autorisation du commandant de l'escadron. Excepté le cas de service, aucun cheval de troupe ne peut être sorti de la caserne sans une autorisation du colonel.

Chevaux mal-traités.

6° Les cavaliers ne doivent jamais maltraiter leurs chevaux, mais au contraire employer la douceur, afin d'obtenir d'eux les résultats que des moyens violents éloignent toujours. La correction ne doit être employée qu'après avoir épuisé tous les moyens de douceur, et encore elle ne doit avoir lieu qu'avec beaucoup de discernement. Tout cavalier qui est convaincu d'avoir maltraité son cheval doit être puni sévèrement.

CHAPITRE V.

Instruction théorique, pratique et élémentaire du corps.

ART. 117.

Instruction théorique et pratique des deux armes.

1° Le lieutenant colonel dirige l'instruction théorique et pratique des deux armes ; elle est suivie méthodiquement d'après le tableau de travail dressé par le lieutenant colonel et approuvé par le colonel.

2° Les chefs d'escadron surveillent l'instruction de leur bataillon ou escadron, dont ils demeurent responsables.

ART. 118.

Instruction théorique des officiers d'infanterie.

1° L'instruction théorique des officiers supérieurs et capitaines d'infanterie comprend, en entier l'ordonnance sur les manœuvres, le réglement de service intérieur et l'instruction municipale.

2° L'instruction des lieutenants comprend les écoles du soldat, peloton et bataillon, et les mêmes réglements. Les lieutenants dont l'instruction est complète sur toutes ces parties sont autorisés par le colonel à assister, avec les capitaines, aux théories sur les évolutions de ligne.

Sous-officiers.

3° L'instruction des sous-officiers, ainsi que des brigadiers proposés pour le grade de maréchal des logis, comprend les écoles du soldat et de peloton, le maniement de l'arme des sous-officiers, l'instruction municipale et le réglement du service intérieur pour tout ce qui traite de leurs fonctions et de celles des brigadiers.

4° L'instruction des brigadiers, ainsi que celle des gardes proposés pour le grade de brigadier, comprend l'école du soldat seulement, l'instruction municipale et le réglement de service intérieur pour tout ce qui traite de leurs fonctions.

Brigadiers.

5° Tous les sous-officiers, brigadiers et gardes candidats, doivent suivre le cours théorique et passer un examen devant le capitaine adjudant-major de leur bataillon.

6° Un officier et deux sous-officiers par division, désignés par le colonel, sur la proposition du lieutenant colonel, sont chargés de la théorie militaire et municipale des sous-officiers, brigadiers et gardes candidats de leur division, pendant toute la durée de l'instruction théorique. Ces deux sous-officiers sont choisis parmi ceux dont l'instruction théorique est terminée et qui sont exempts de théorie.

Officier chargé des théories.

7° L'officier chargé de la théorie ne peut, sous aucun prétexte, excepté le cas de service, se dispenser d'y assister; il interroge lui-même les sujets les plus avancés; il partage les sujets les moins avancés entre les deux sous-officiers chargés de le seconder et de le suppléer en cas d'absence.

8° La théorie sur le maniement d'armes est faite pratiquement, afin d'en faire mieux comprendre le mécanisme : l'officier instructeur fait prendre une arme récite et lui fait exécuter les différents mouvements. Les commandements sont prononcés à pleine voix, comme sur le terrain.

9° La théorie est faite aux jours et heures fixés par le tableau de travail. Les comptables et employés à l'instruction pratique et élémentaire sont, lorsque la spécialité de leurs fonctions y met empêchement, dispensés de se trouver à la théorie aux heures indiquées; mais le lieutenant instructeur les interroge au moment qu'il juge convenable et qu'il leur fixe.

10° L'adjudant-major surveille la théorie des sous-officiers, rigadiers et gardes candidats de son bataillon; il assiste à ces théories et s'assure que le temps fixé pour leur durée soit exactement employé.

11° La théorie sur l'instruction municipale est faite, dans chaque subdivision, par le maréchal des logis qui la commande, et, à son défaut, par le plus ancien brigadier, de manière à ce que tous les hommes soient interrogés. L'officier de section assiste à cette théorie sous la surveillance du commandant de compagnie. Cette théorie est faite aux jours et heures fixés par le tableau de travail.

Théorie municipale aux gardes.

12° Aussitôt qu'un sous-officier ou brigadier a terminé une partie de son instruction, il est examiné par le capitaine adjudant-major du bataillon. A cet effet, le lieutenant instructeur en donne avis par écrit à l'adjudant-major; mais il a soin de ne désigner que des hommes capables de bien subir leur examen. L'adjudant-major prononce l'exemption, si le sujet lui paraît suffisamment instruit.

13° L'officier chargé de la théorie adresse, le 1er de chaque mois, à l'adjudant major de son bataillon, en triple expédition et par compagnie, l'état théorique des sous-officiers, brigadiers et gardes candidats de sa division, sur lequel il indique, dans chaque colonne de l'état, par le mot *exempt*, le sujet qui a été examiné et exempté par l'adjudant-major, et par le mot *fini*, le sujet qui a terminé toute son instruction, et qui n'a pas encore été examiné ni exempté par

États de théorie.

l'adjudant–major; et enfin, pour les hommes absents et pour ceux qui n'ont pas encore terminé, il indique le dernier numéro auquel ils en sont restés.

L'adjudant–major, après avoir vérifié ces états et s'être assuré qu'ils ont été remplis conformément aux instructions du présent article, les vise; il en adresse une expédition à son chef d'escadron, et les deux autres au lieutenant colonel, qui en remet lui-même une expédition au colonel.

14° Les chefs d'escadron adressent le 1er de chaque mois, au lieutenant colonel, un état, en double expédition, constatant l'instruction des officiers de leur bataillon ou escadrons.

15° Les états de théorie sont établis sur des imprimés adoptés par le corps, et dont le modèle est déposé aux archives de l'adjudant-major chargé de la direction du service.

16° Les jours d'exercice, lorsque le temps ne permet pas de se rendre sur le terrain, une théorie est faite aux gardes, sur le démontage et remontage des armes, par chaque maréchal des logis de subdivision, ou, en son absence, par le plus ancien brigadier ; si un second exercice vient à manquer, la théorie a lieu sur le service des places ; et enfin, la troisième, sur l'instruction municipale. Tous les officiers assistent à cette théorie.

17° La théorie sur le service des places sera faite, de temps à autre, pratiquement, dans les cours de la caserne. A cet effet, on formera des postes dans les différents endroits de la caserne, pour la reconnaissance des rondes et patrouilles.

18° Les capitaines commandants doivent veiller à ce que les sous–officiers, brigadiers et gardes, soient pourvus d'un exemplaire du *Formulaire des Procès-Verbaux*, de l'*Instruction municipale* et d'un cahier de procès-verbaux, et qu'en outre les sous–officiers et brigadiers soient pourvus également des réglements et théories nécessaires à leur instruction.

ART 119.

Instruction théorique des officiers de cavalerie.

1° L'instruction des officiers de tout grade de cavalerie comprend les cinq titres de l'ordonnance, le réglement du service intérieur et l'instruction municipale.

Sous-officiers.

2° L'instruction, pour les sous-officiers et brigadiers proposés pour le grade de maréchal des logis, comprend les bases de l'instruction, l'école du cavalier, l'école du peloton et l'école d'escadron à pied et à cheval, l'instruction municipale et le réglement du service intérieur pour tout ce qui est relatif à leurs fonctions, et à celles des brigadiers.

Brigadiers.

3° L'instruction des brigadiers et gardes proposés pour le grade de brigadier comprend toutes les leçons à pied et à cheval, l'instruction municipale et le réglement de service intérieur pour tout ce qui est relatif à leurs fonctions.

Officier chargé des théories.

4° Un officier et un sous–officier par escadron, désignés par le colonel, sur la proposition du lieutenant colonel, sont chargés de la théorie militaire et municipale des sous–officiers, brigadiers et gardes candidats de leur escadron, pendant toute la durée de l'instruction théorique. Cet officier se conforme aux dispositions prescrites par l'art. 118.

5° L'adjudant–major de cavalerie se conforme aux dispositions du même article.

Théorie municipale aux cavaliers.

6° La théorie sur l'instruction municipale est faite aux cavaliers comme il est prescrit à l'art. 118 pour les gardes d'infanterie.

7° Les jours de manœuvre, si le temps ne permet pas de se rendre sur le terrain, une théorie est faite aux cavaliers sur le montage et le démontage des armes, ou sur l'instruction municipale.

Tous les officiers de l'escadron assistent à cette théorie.

8° Les capitaines commandants les escadrons se conformeront au dernier paragraphe de l'art. 118.

ART. 120.

L'instruction pratique de l'infanterie recommence chaque année, aux époques fixées par le tableau de travail, dans la progression suivante : *Instruction pratique. (Infanterie.)*

1° Instruction d'un peloton-modèle par bataillon. Ces pelotons sont composés de tous les sous-officiers, brigadiers et gardes candidats, sans exception ; ils sont exercés au maniement de l'arme, comme sous-officiers et soldats ; ils parcourent toutes les leçons de l'école de peloton, et sont ensuite exercés à l'école des guides. L'école d'intonnation est faite pendant le repos.

L'adjudant-major de chaque bataillon est chargé de l'instruction du peloton-modèle de son bataillon ; il a sous ses ordres, pour le seconder, deux officiers désignés par le colonel, sur la proposition du lieutenant colonel.

Les officiers dont l'instruction pratique n'est pas achevée, sont désignés par le lieutenant colonel pour assister aux exercices du peloton-modèle de leur bataillon.

2° Exercices de détail des compagnies pour l'école de peloton ;

3° Ecole de bataillon ;.

4° Evolutions de ligne et exercices à feu.

En cas de mauvais temps, le contre-ordre pour l'exercice est donné assez à temps par les chefs d'escadron. Dans ce cas, une théorie a lieu dans les chambres, comme il est prescrit art. 118.

ART. 121.

1° Le colonel désigne, sur la proposition du lieutenant colonel, un lieutenant, un maréchal des logis et deux brigadiers d'infanterie, comme instructeurs de la deuxième classe, dans chaque bataillon. Le sous-officier et les brigadiers ne font d'autre service que la semaine, la garde et le théâtre ; ils montent la garde en ville comme leurs collègues. Toutefois, l'adjudant a soin de les commander de service de manière à ce qu'il en reste toujours deux pour l'instruction. *Deuxième classe d'infanterie.*

2° L'adjudant-major assiste à l'exercice de la deuxième classe de son bataillon, dont il dirige l'instruction : le nombre des instructeurs est augmenté, suivant les besoins, sur la proposition faite par cet officier au lieutenant colonel.

3° Tous les nouveaux admis sortant de la cavalerie, des armes spéciales, ou qui ne seraient pas en état de manœuvrer au bataillon, sont désignés par les capitaines commandants pour faire partie de la deuxième classe. Les capitaines commandants font remettre l'état nominatif de ces hommes au capitaine adjudant-major de leur bataillon aussitôt qu'ils sont armés ; ce qui doit avoir lieu dans les quarante-huit heures, à partir de leur arrivée au corps.

4° Les nouveaux admis sortant de la ligne sont exercés tous les jours aux mouvements de la baïonnette, de midi à une heure, par des sous-officiers désignés par le commandant de la compagnie, jusqu'à ce qu'ils exécutent parfaitement ces mouvements.

5° Les hommes de la deuxième classe sont exercés aux jours et heures fixés par le tableau de travail. Ces hommes ne montent la garde que le samedi, et de préférence à la police.

6° Lorsque le capitaine adjudant-major juge que des hommes de la deuxième classe sont susceptibles de passer au bataillon, il en prévient son chef d'escadron, qui se rend sur le terrain pour les examiner. Le chef d'escadron propose, s'il y a lieu, au lieutenant colonel, l'admission de ces hommes au bataillon.

État des hommes de la deuxième classe. 7° Le 1er de chaque mois, le capitaine adjudant-major adresse au lieutenant colonel, par la voie hiérarchique, l'état nominatif et par classe des hommes de la deuxième classe et des sous-officiers et brigadiers employés à l'instruction, avec indication de l'époque à laquelle ils y ont été employés, et du zèle et de l'aptitude dont ils font preuve.

ART. 122.

Instruction équestre des officiers d'infanterie. 1° D'après les instructions du ministre de la guerre, les officiers d'infanterie doivent prendre des leçons d'équitation jusqu'à ce qu'ils soient susceptibles de suivre l'instruction militaire à cheval; ils sont alors attachés aux pelotons d'instruction de la cavalerie.

2° Des ordres sont donnés lorsque les leçons de manége doivent avoir lieu. Le colonel engage les lieutenants d'infanterie à se bien pénétrer de la nécessité qu'il y a pour eux d'apprendre à monter à cheval, et de s'occuper de pousser leur instruction théorique et pratique sur cette partie.

ART. 123.

École des tambours. 1° L'école des tambours a lieu, pendant l'été, de six à huit heures du matin, et l'hiver, de une à trois heures, les mardis et jeudis pour les tambours de la première classe, et tous les jours pour ceux de la deuxième classe, sous la surveillance du capitaine adjudant-major de chaque bataillon.

2° Le tambour-major rend compte au capitaine adjudant-major du bataillon et au capitaine de la compagnie des manquements aux réunions et des punitions qu'il aurait infligées, l'adjudant-major de chaque bataillon surveille l'instruction des tambours de son bataillon.

ART. 124.

Instruction pratique de la cavalerie. L'instruction pratique de la cavalerie recommence chaque année, aux époques fixées par le tableau de travail, dans la progression suivante:

1° Instruction des pelotons-modèles des escadrons, composés de tous les sous-officiers, brigadiers et gardes candidats, sans exception. Ces pelotons exécutent d'abord l'école de peloton à pied, et ensuite l'école de peloton à cheval. L'adjudant-major de cavalerie, secondé par des officiers désignés par le colonel, sur la proposition du lieutenant colonel, dirige l'instruction des pelotons-modèles. L'école d'intonation est faite pendant le repos.

2° École du peloton à pied et à cheval pour les escadrons.

3° École de l'escadron d'instruction à pied et à cheval.

4° Évolutions de régiment.

5° En cas de mauvais temps, le contre-ordre pour la manœuvre est donné assez à temps par le chef d'escadron : la théorie est faite dans les chambres, comme il est prescrit article 119.

ART. 125.

1° La deuxième classe est formée des cavaliers qui sortent des armes spéciales, et qui ne connaissent point le maniement du mousqueton. Ces hommes ne sont exemptés d'aucun service; ils sont exercés tous les jours, dans leur escadron respectif, sous la surveillance de l'officier de semaine et la direction du commandant de l'escadron, par des sous-officiers et brigadiers désignés par le commandant de l'escadron.

2° L'exercice du sabre sera enseigné aux hommes sortant de l'artillerie.

ART. 126.

1° Les hommes qui reçoivent des jeunes chevaux sont détachés et mis en subsistance dans les escadrons des Célestins, pour que leurs chevaux y soient exercés et reçoivent l'instruction nécessaire. Ces hommes ne font que le service des théâtres et les gardes d'écurie. *Dressage des jeunes chevaux.*

2° L'adjudant-major de cavalerie dirige et surveille le dressage des jeunes chevaux ; un sous-officier et un brigadier sont désignés pour le seconder. Tous les samedis, il adresse, par la voie hiérarchique, un rapport au colonel sur les progrès faits par les jeunes chevaux. Lorsque l'instruction des jeunes chevaux est achevée, il en prévient son chef d'escadron, qui se rend sur le terrain pour les examiner ; le chef d'escadron propose au lieutenant colonel leur admission à l'escadron.

ART. 127.

1° Les trompettes sont réunis deux fois par semaine, à la caserne des Célestins, pour la répétition des sonneries d'ordonnance, sous la surveillance du capitaine adjudant-major des escadrons. Ces sonneries sont répétées à pied et à cheval. *École des trompettes.*

2° Le trompette-major rend compte des manquements aux réunions, et des punitions qu'il a infligées, au commandant de l'escadron, ainsi qu'au capitaine adjudant-major.

ART. 128.

1° Les écoles du corps sont sous la direction spéciale du chef d'escadron major, qui pourvoit à tous leurs besoins. *Écoles.*

2° Un lieutenant, désigné par le colonel, sur la proposition du major, est chargé de la surveillance générale des écoles du corps. Cet officier a sous ses ordres des sous-officiers, brigadiers et gardes, qui remplissent les fonctions de moniteurs généraux et moniteurs particuliers dans l'école de chaque caserne. L'officier chargé des écoles est dispensé de tout service de place; il remplit néanmoins ses devoirs d'officier de section.

3° La fréquentation des écoles étant un des devoirs de tout militaire du corps dont l'instruction n'est pas complète sous le rapport de l'écriture, de l'orthographe, de la rédaction et de l'arithmétique élémentaire, on se conforme, dans chaque caserne, aux dispositions suivantes :

4° L'école est divisée en deux cours : 1° cours élémentaire; 2° cours de rédaction.

5° Les cours ont lieu aux jours et heures fixés par le tableau de travail.

6° Tout militaire, le lendemain de son arrivée au corps, est conduit, d'après l'ordre du capitaine commandant, par le brigadier de semaine au moniteur général de la caserne, qui le fait inscrire sur le registre de l'école, lui fait écrire quelques lignes sur la feuille matricule, afin de vérifier et constater son degré d'instruction en écriture et orthographe. Le moniteur général le classe ensuite dans un des cours. *Nouveaux admis.*

7° Tout militaire inscrit sur le registre de l'école doit, lorsqu'il n'est pas de service, assister au cours dont il fait partie. Les hommes qui montent ou descendent la garde ou le piquet sont dispensés d'assister au cours.

8° La tenue, pour l'école, est en veste, bonnet de police et bottes. Le moniteur général veille à ce que cette tenue soit observée. Il fait toujours lui-même *Appel et tenue pour l'école.*

l'appel des hommes avant de commencer la leçon. Les brigadiers de semaine répondent pour les hommes qui sont de service.

Absence de l'école, punitions à infliger. 9° Le moniteur général transmet tous les jours au lieutenant chargé des écoles la liste, signée de lui, des hommes qui ont manqué aux cours, et indique si c'est pour la première, deuxième ou troisième fois.

10° Les punitions suivantes sont infligées par le moniteur général pour manquement aux cours :

La première fois, la réprimande;

La deuxième fois, la privation de toute permission d'école pendant un mois;

Et la troisième fois, la consigne.

11° S'il y a persévérance, le moniteur général fait un rapport au lieutenant chargé des écoles. Cet officier, après avoir indiqué le nombre d'absences et de punitions encourues par l'élève, et son degré d'aptitude, transmet ce rapport au capitaine de la compagnie ou de l'escadron, qui inscrit en marge son opinion sur la manière de servir et la conduite habituelle du militaire, et l'adresse au chef d'escadron major pour être mis sous les yeux du colonel, qui prononce, à l'égard du militaire, telle punition qu'il juge convenable.

12° Lorsqu'un homme change de caserne, le maréchal des logis chef de la compagnie ou de l'escadron en informe le moniteur général de sa caserne; ce dernier adresse au moniteur général de la nouvelle caserne dont l'homme fait partie la feuille matricule de cet homme et ses notes sur son aptitude.

Exemptions de l'école. 13° Les exemptions des cours se donnent à ceux qui, les ayant suivis, sont reconnus suffisamment instruits, ainsi qu'à ceux qui, pour cause d'âge ou manque d'aptitude, sont jugés incapables de suivre les cours avec fruit. Les tambours et trompettes sont dispensés d'assister aux écoles.

14° Lorsque le moniteur général juge un homme suffisamment instruit, il lui fait faire une composition, et la remet au lieutenant chargé des écoles, qui demande son exemption du cours au major.

15° Le dernier jour de chaque trimestre, le lieutenant chargé des écoles adresse au major :

1° Un rapport circonstancié constatant les progrès des élèves qui, par leur assiduité et leur bonne conduite, ont mérité la bienveillance du colonel;

2° Un état nominatif de ceux qui ont été exemptés de l'école comme suffisamment instruits, ainsi que ceux qui, pour cause d'âge ou de manque d'aptitude, ont été jugés incapables de suivre les cours avec fruit;

3° Un état nominatif des moniteurs qui se sont distingués dans leurs fonctions par leur zèle et leur capacité;

4° Enfin, un état constatant l'effectif et les mutations qui sont survenues pendant le trimestre.

16° Le plus grand silence sera observé pendant les cours. Le moniteur général punira sévèrement l'élève qui enfreindra cette consigne.

17° Les moniteurs généraux ne montent la garde que le samedi à la police; les moniteurs particuliers montent la garde, le jeudi de chaque semaine, à la police. Ils font, les uns et les autres, le service des théâtres.

18° Le directeur adjoint et les moniteurs généraux jouissent de la permission de minuit, et les moniteurs particuliers de celle de dix heures.

19° Le capitaine de police surveille la police des écoles; mais il doit rester étranger à l'enseignement.

20° Le moniteur général est responsable du mobilier et des 'ouvrages qui existent à l'école, dont l'inventaire doit être dressé et signé par le lieutenant directeur de l'école et par le major.

21° Le présent réglement sera affiché dans chaque école, et sera lu une fois par mois aux élèves.

CHAPITRE VI.

Tenues de service et de ville.

ART. 129.

1° Les officiers de service sont constamment dans la même tenue que leur troupe, soit sous les armes, soit pour leurs rondes. Les officiers montés sont toujours à cheval pour tout service extérieur; toutefois, les lieutenants de cavalerie sont autorisés à faire leurs rondes de postes à pied, en tenue du jour : chapeau et épée. Ils sont dans la même tenue pour monter la garde, pour le pansage du soir et pour le piquet des casernes. Pour ce dernier service, ils doivent se tenir prêts à monter à cheval. Pour le pansage du matin, ils sont en capote, bonnet de police et sabre; ils assistent dans cette tenue au défilé de la garde.

2° Pour le service intérieur des casernes, la tenue journalière des officiers des deux armes, en hiver, est en capote, chapeau et épée, pantalon de drap. L'été, la capote est remplacée par le surtout. Les dimanches et fêtes, les officiers sont dans la même tenue que la troupe pour tout le service et les inspections.

3° Lorsque le corps d'officiers est convoqué en uniforme, la tenue est celle du jour, à moins d'ordre contraire; il en est de même pour les réunions des conseils de discipline, d'enquête, d'administration en tenue; de jury d'examen, etc. Pour les visites de corps, les officiers sont dans la grande tenue de service de leur arme.

4° Pour les réceptions ou invitations chez le président de la République, les officiers sont en grande tenue de ville, habit, pantalon de drap bleu en hiver, et de coutil blanc en été; chapeau et épée.

5° Pour les réceptions chez le ministre de la guerre et autres autorités, les officiers sont en surtout, pantalon de drap en hiver, pantalon de coutil blanc en été, chapeau et épée.

6° La coupe des effets d'habillement des officiers doit être en tout conforme à celle de la troupe. Ils ne peuvent porter, dans le service, que les insignes et armes déterminés par les réglements.

7° Les officiers décorés portent la décoration d'ordonnance, en petite et en grande tenue, pour toutes les revues et services extérieurs. Les décorations d'un modèle plus petit que celui d'ordonnance ne sont tolérées que pour le service intérieur des casernes. Le ruban n'est porté qu'avec la capote et le bonnet de police, en tenue du matin.

Tenue des officiers.

ART. 130.

1° La petite tenue de service, en hiver, est en casque, surtout, hongroise bleue, grosses bottes, giberne et sabre en ceinturon, pour le service à cheval. Pour le service à pied, la tenue est la même, excepté que les cavaliers ont le pantalon large sur la petite botte, giberne et le ceinturon en sautoir avec le porte-baïonnette.

La petite tenue de ville est en surtout, pantalon large de drap, chapeau,

Tenue d'hiver. Cavalerie.

ceinturon en sautoir. Les sous-officiers de cavalerie portent la capote, chapeau et épée, comme ceux d'infanterie, pour la tenue de ville et le service intérieur de la caserne.

2° La grande tenue de service d'hiver est en habit, casque, hongroise de tricot blanc et grosses bottes, giberne et sabre en ceinturon, pour le service à cheval.

Pour le service à pied, la tenue est la même, excepté que les cavaliers ont le pantalon bleu large sur la petite botte, giberne, ceinturon en sautoir avec le porte-baïonnette.

La grande tenue de ville est en habit, pantalon bleu large, chapeau, ceinturon en sautoir.

3° Pour les exercices du matin, la promenade des chevaux et les pansages, la tenue des brigadiers et cavaliers est en pantalon de treillis, petites bottes, veste et bonnet de police. Lorsque la rigueur de la saison le rend nécessaire, le pantalon de treillis est mis par dessus le pantalon de drap; les sous-officiers sont en surtout.

Les officiers, pour les exercices, sont en capote, bonnet de police, sabre avec ceinturon noir. Lorsque la grosse botte est prise pour les exercices, les officiers sont en surtout, bonnet de police et sabre.

ART. 131.

Tenue d'été. Cavalerie.

1° La petite et la grande tenue de service et de ville sont les mêmes en été qu'en hiver. Les sous-officiers de cavalerie prennent le surtout pour la tenue de ville et le service intérieur.

2° Le pantalon de coutil blanc sur la petite botte n'est porté, dans le service à pied et la tenue de ville, que d'après un ordre du colonel, transmis par l'état-major du corps.

3° Pour tout service extérieur à cheval ou à pied fourni après la retraite, et ne se prolongeant pas au-delà de six heures du matin, les cavaliers sont en surtout, pantalon de drap, excepté pour le service des grandes fêtes.

4° Dans tous les services extérieurs à cheval, lorsque les cavaliers seront surpris par le mauvais temps, les chefs du détachement les feront couvrir du manteau.

ART. 132.

Changements dans la tenue.

Les changements dans la tenue, en cas de mauvais temps, sont ordonnés par le colonel. L'ordre en est transmis, par l'état-major du corps, aux capitaines de police, qui en font prévenir les compagnies ou escadrons.

ART. 133.

Tenue des dimanches et fêtes.

Les dimanches et fêtes reconnues, le corps prend la grande tenue dès neuf heures du matin, à moins d'ordre contraire. Tous les services partant avant neuf heures du matin sont en grande tenue.

ART. 134.

Tenue d'hiver. Infanterie.

1° La petite tenue de service d'hiver est en schako couvert, pantalon de drap, capote boutonnée à droite le premier mois, à gauche le second mois, et ainsi de suite.

2° La petite tenue de ville est la même que la précédente, excepté que les gardes portent le chapeau.

3° La grande tenue de service d'hiver est en habit, schako découvert, pantalon de drap.

4° La grande tenue de ville est la même que la précédente, excepté que les gardes portent le chapeau.

5° Pour les exercices, les brigadiers et gardes sont en veste, bonnet de police, pantalon de drap ; les sous-officiers et officiers, en capote, bonnet de police, à moins d'ordre contraire.

Art. 135.

1° La petite tenue de service d'été est en surtout, pantalon de drap, schako découvert. *Tenue d'été. Infanterie.*

2° La petite tenue de ville est la même que la précédente, excepté que les gardes portent le chapeau.

3° La grande tenue de service d'été est la même que celle d'hiver, à moins que le colonel ne substitue le pantalon de coutil blanc au pantalon de drap ; dans ce dernier cas, l'ordre en est donné à l'avance par l'état-major du corps.

4° La grande tenue de ville d'été est la même que celle d'hiver, excepté que les gardes portent le chapeau et qu'ils ont le pantalon de coutil blanc, lorsque l'ordre en est donné.

5° Pour les exercices, les brigadiers et gardes sont en veste, bonnet de police, pantalon de drap ; les sous-officiers et officiers, en capote, bonnet de police, à moins d'ordre contraire.

6° Pour tout service extérieur partant des casernes après la retraite, et ne se prolongeant pas au-delà de six heures du matin, la tenue est en capote, pantalon de drap, schako couvert, excepté cependant pour le service des grandes fêtes. En cas de mauvais temps, au moment du défilé des postes, le capitaine de police fait mettre la coiffe sur le schako ; mais elle est retirée aussitôt l'arrivée au poste.

7° Tous les soirs, la capote des hommes de service dans les postes leur est portée par le porteur de la compagnie ; elle est pliée dans un étui de coutil étiqueté au nom de l'homme à qui elle appartient.

Art. 136.

Les officiers, sous-officiers et brigadiers, doivent surveiller la tenue des hommes qu'ils rencontrent en ville ; ils doivent punir sévèrement tous les militaires du corps qu'ils rencontreraient vêtus d'effets malpropres, qui n'auraient pas de gants ou ne seraient point coiffés militairement, donnant le bras à des gens ivres, mal vêtus, ou à des filles publiques ; fumant dans les rues ou promenades publiques ; enfin, ceux qu'ils rencontreraient habillés en bourgeois, même étant en permission, dans Paris ou la banlieue. *Tenue des hommes en ville.*

Art. 137.

1° Jusqu'après l'appel du matin, la tenue est en veste et bonnet de police pour les brigadiers et gardes des deux armes, et en surtout ou capote, suivant la saison, pour les sous-officiers. Après cette heure, la tenue ordonnée pour le jour est de rigueur. Aucun homme ne peut sortir en tenue du jour, avant l'appel, sans une permission du commandant de la compagnie ou de l'escadron. Tout homme rentrant au quartier sans être en tenue, après l'heure fixée, doit être signalé à l'adjudant par le sous-officier de planton. L'adjudant en rend compte au capitaine de police. *Tenue du matin des deux armes.*

2° Les hommes commandés de corvée pour les distributions, ainsi que pour se rendre au magasin du corps pour l'armement ou l'habillement, sont en *Tenue des hommes allant en corvée ou au magasin du corps.*

veste et bonnet de police. Pour la corvée de fourrage, les cavaliers sont en pantalon de treillis, petites bottes, veste, bonnet de police.

Tenue pour se présenter devant le conseil de guerre ou en justice. 3° Tout homme appelé à déposer devant un conseil de guerre ou en justice sera toujours en surtout, chapeau, épée ou sabre, pantalon d'hiver et gants de tenue.

Tenue pour la prestation de serment. 4° Pour la prestation de serment, les officiers, sous-officiers, brigadiers et gardes, seront en grande tenue de service, ainsi que les officiers et sous-officiers commandés pour conduire les détachements.

Tenue des hommes qui ont versé leurs armes au magasin. 5° Tout homme qui a versé ses armes comme devant être congédié ne peut sortir du quartier, jusqu'au moment de son départ, sans être dans la tenue du jour. Le sabre d'un homme absent peut lui être prêté sur l'autorisation du capitaine commandant.

Tenue des ordonnances des officiers. 6° Jusqu'à onze heures du matin, les ordonnances des officiers peuvent sortir de la caserne en tenue du matin; mais elles ne peuvent rester en ville passé midi dans cette tenue. Après midi, elles doivent être dans la tenue de ville de leur arme. En aucun cas, ces ordonnances ne peuvent monter en tenue de ville les chevaux des officiers.

Art. 138.

Port du chapeau. 1° Le chapeau est porté en colonne; il doit être placé perpendiculairement sur la tête, ne pencher ni à droite ni à gauche, la cocarde à droite, le milieu de la corne du devant répondant à la ligne du nez.

Du schako ou casque. 2° Le schako ou le casque doit être placé droit et d'aplomb sur la tête, de manière que le milieu de la visière corresponde à la ligne du nez.

Du bonnet de police. 3° Le bonnet de police doit être placé de manière que la grenade corresponde à la ligne du nez, incliné légèrement à droite, le bord touchant presque le sourcil droit, et éloigné d'environ un pouce du sourcil gauche.

Du sabre. 4° L'infanterie doit porter le sabre contre la cuisse gauche et à la hanche, et la cavalerie le suspendre au crochet.

Cheveux, favoris, moustaches et mouches. 5° Les cheveux doivent être coupés courts, surtout par derrière, et ne point former de boucles; les favoris ne dépassent pas la hauteur de la bouche et ne doivent pas se joindre aux moustaches. Les moustaches ne doivent être ni cirées ni graissées; elles doivent être rafraîchies lorsque cela est nécessaire. La mouche ne doit jamais dépasser les proportions suivantes : largeur, 40 millimètres au plus. Lorsqu'elle sera trop longue, elle sera ramenée à une dimension raisonnable et en harmonie avec les moustaches.

Art. 139.

Port de l'aiguillette. L'aiguillette est portée à droite de la manière suivante :

Avec l'habit. 1° Le grand cordon est placé à cheval sur le premier bouton, un tiers pour la partie supérieure, deux tiers pour la partie inférieure, qui doit sortir au-dessous du deuxième bouton;

La petite natte, à cheval jusqu'au nœud sur le deuxième bouton, le ferret sortant au-dessous de ce bouton;

Le petit cordon, passé dans le bras;

La grande natte, passée dans le bras, est placée à cheval sur le troisième bouton, le ferret sortant au-dessous de ce bouton, son extrémité tombant à hauteur du passe-poil du devant de l'habit, celle du ferret de la petite natte tombant à hauteur du bracelet du milieu du ferret de la grande natte.

2° Le grand cordon est placé à cheval sur le premier bouton, comme il est Avec le sur-
tout. expliqué pour l'habit, excepté que la partie inférieure du cordon doit sortir au-dessous du deuxième bouton; la petite natte, à cheval jusqu'au nœud sur le deuxième bouton, est placée entre les deux brins du grand cordon, le ferret sortant au-dessous du deuxième bouton;

Le petit cordon, passé dans le bras;

La grande natte, passée dans le bras, est placée à cheval sur le troisième bouton, le nœud à environ 6 centimètres du passe-poil du surtout, le ferret sortant au-dessous du troisième bouton, son extrémité tombant à hauteur du septième bouton, celle du ferret de la petite natte tombant à hauteur du bracelet du milieu du ferret de la grande natte.

3° Le grand cordon à cheval sur le premier bouton, comme il est expliqué Avec la ca-
pote. pour l'habit;

La petite natte, à cheval jusqu'au nœud sur le deuxième bouton, comme il est expliqué pour l'habit;

Le petit cordon, passé dans le bras;

La grande natte, passée dans le bras, est placée à cheval jusqu'au nœud sur le troisième bouton, le ferret sortant au-dessous du troisième bouton, son extrémité tombant à hauteur du sixième bouton, celle du ferret de la petite natte tombant à hauteur du bracelet du milieu du ferret de la grande natte.

ART. 140.

1° La giberne doit être placée de manière que la ligne supérieure qu'elle Giberne d'infan-
terie ajustée avec
le sac et le sabre;
son contenu. présente, soit horizontale et parallèle à la ligne inférieure du havre-sac; le coin de droite de la giberne doit se trouver à 7 centimètres 1/2 au-dessous du coude droit, l'homme ayant le bras ployé et la main sur le téton droit.

2° Le bouton en buffle destiné à fixer la martingale doit être placé au milieu du baudrier; cette martingale doit également former une ligne parallèle à celle de la partie supérieure de la giberne. Le pommeau du sabre doit être à la même hauteur que la ligne horizontale de la partie supérieure de la giberne, et servir à prolonger cette ligne.

3° La giberne doit contenir, dans le compartiment de gauche, un paquet de cartouches, enveloppé dans un double papier portant le nom et numéro matricule de l'homme et les initiales G. R. ; à droite de ce paquet, et dans le même compartiment, deux cartouches collées à leurs extrémités et enveloppées dans un papier.

4° Dans le compartiment du milieu, on place le nécessaire d'armes, et derrière lui le tire-balle, fixé sur un bouchon.

5° Enfin, dans le compartiment de droite, se trouvent la brosse à fusil, la pièce grasse en drap, le chiffon, le tampon de cheminée; les brigadiers y mettent, en outre, le monte-ressort.

6° Le bouchon de fusil n'est toléré que dans les chambrées, et le tampon de cheminée n'est placé que pour les exercices.

ART. 141.

1° Les buffleteries doivent être croisées sur la poitrine de manière à laisser Fourniment et
bretelle de fusil. apercevoir le premier bouton du surtout; la charrue doit être passée sur les piqûres des buffleteries aussitôt après qu'elles ont été blanchies.

2° La partie supérieure de la plaque de sabre doit arriver sur le jonc de la piqûre du porte-giberne. Lorsque l'homme a le sabre à la hanche, la partie supérieure de la plaque doit arriver à hauteur du deuxième bouton du surtout.

3° L'épinglette est fixée à demeure à la poche aux capsules. Cette poche est constamment garnie de trois capsules de rechange. La poche aux capsules est fixée au porte-giberne.

4° La bretelle de fusil est engagée dans le battant de sous-garde, et bouclée de manière que la partie inférieure de la boucle se trouve à hauteur du bas de la capucine ; le bout de la bretelle est ensuite engagé dans le battant de la grenadière, fortement tendu et fixé, au moyen d'un bouton en cuivre à double face, à 3 centimètres au-dessous du battant de la grenadière. Les bretelles sont garnies d'une languette en buffle, qui empêche le frottement du bouton en cuivre sur le bois du fusil.

Lorsque la bretelle est trop longue, elle est raccourcie du côté de la boucle par le maître sellier.

ART. 142.

Paquetage du havre-sac; son ajustage. Lorsque l'ordre est donné de paqueter le havre-sac, les effets y sont placés dans l'ordre suivant :

1° Deux chemises roulées de la longueur du sac et très-serrées, un pantalon blanc, un caleçon également pliés de la longueur du sac, deux mouchoirs de poche, un col, une trousse garnie, une paire de gants, une brosse à boutons, une patience placée verticalement, une brosse à habit, un peigne, le livret, placé entre les effets et la partie du sac du côté de la patelette, le bonnet de police sous la patelette. Lorsque l'ordre est donné de placer dans le sac les paquets de cartouches supplémentaires, trois paquets sont placés sur le dessus du sac, au-dessous de la planchette ; les deux autres paquets sont placés dans les petites poches qui existent sous la patelette du sac.

2° La partie supérieure du sac doit arriver à la hauteur des épaules ; il doit coller sur le dos, les bretelles bien égales, afin que le sac reste continuellement droit et perpendiculaire ; les contre-sanglons doivent être bouclés de manière que le couvercle ou patelette soit tendu également et ne bâille d'aucun côté. La fausse capote ne doit jamais déborder les côtés latéraux du sac ; les courroies qui la maintiennent doivent être serrées de manière à ce qu'elle ne ballotte point ; elles doivent être bouclées près du sac, du côté du dos. A cet effet, elles sont introduites dans leurs passants ainsi qu'il suit :

La grande courroie étant bouclée à hauteur de la naissance des bretelles, on laisse tomber le bout sur le derrière du havre-sac.

Les deux petites courroies, après avoir été bouclées à hauteur de la grande, on introduit leur bout en dessous des passants, et la partie qui se trouve libre est roulée fortement et intérieurement sur elle-même.

Ces deux courroies sont toujours placées à une distance égale de la grande courroie.

ART. 143.

Manière de rouler la capote en sautoir. 1° La capote ne devant pas être roulée sur le sac, en raison des détériorations qui en résulteraient, on se conformera aux dispositions suivantes lorsque l'ordre sera donné de la rouler en sautoir :

2° Retourner les poches, étendre la capote sur une table, la doublure en dessous; ajuster les pans de manière qu'ils soient croisés par derrière de couture à couture;

3° Retrousser les bas de la jupe, de façon à obtenir un pli cintré de 5 à 6 centimètres à chaque extrémité;

4° Plier la partie supérieure à hauteur du dernier bouton des devants en l'amenant sur la partie inférieure, la doublure en dessus; étendre les manches de manière que les bouts des parements viennent aboutir vis-à-vis et à environ 19 centimètres de l'angle formé par chacun des coins du grand pli.

5° Se mettre à trois et rouler la capote aussi serrée que possible en partant de la taille; plier ensuite les deux bouts sur eux-mêmes, à une distance égale d'environ 16 centimètres; les ramener l'un à côté de l'autre en faisant en même temps, avec le talon de la main, une pression au milieu du rouleau; attacher avec une courroie les deux extrémités à environ 8 centimètres de l'extrémité formée par la réunion des deux bouts; placer la boucle de manière qu'elle se trouve en dedans, et que le pli du drap se trouve au-dessus et dirigé vers la terre, lorsque la capote est placée sur le corps de l'homme.

6° Passer la tête, ainsi que le bras droit, dans le rouleau, et le placer de manière que son milieu porte sur l'épaule gauche, et que son extrémité soit au-dessus de la hanche droite.

7° Chaque homme doit être pourvu d'une petite courroie en cuir verni noir, à boucle en cuivre, pour fixer la capote, dans le cas où l'ordre serait donné de la rouler en sautoir.

ART. 144.

1° Le porte-giberne est ajusté de manière à ce que le dessous du coffret se trouve à hauteur du coude droit, le bras étant plié et la main sur le téton gauche; la partie supérieure de la boucle, placée à 10 centimètres environ de la contre-épaulette gauche, le passant de cuivre partageant également la distance entre la partie inférieure de la boucle et de l'agrément, et enfin ce dernier arrivant exactement sur les boutons du porte-giberne et les couvrant; la martingale mobile en cuir verni, destinée à maintenir le coffret dans une position horizontale, s'attache au bouton gauche de là taille de l'habit.

Giberne de cavalerie ajustée; ce qu'elle doit contenir.

2° La giberne doit contenir, dans le compartiment de droite, le tire-balle, fixé sur un bouchon et enveloppé d'un petit linge; deux cartouches de mousqueton et deux de pistolet. (Ces quatre cartouches doivent être collées et enveloppées dans un papier.) Le compartiment de gauche contient un paquet de dix cartouches de pistolet; ce paquet est enveloppé dans un double papier portant le nom et le numéro matricule de l'homme et les initiales G. R. Enfin, la pièce grasse en drap est placée sur les cartouches, afin d'empêcher le ballottage.

3° La poche de la giberne contient quatre capsules enveloppées dans un papier.

4° Le paquet de cartouches de mousqueton, ainsi que le nécessaire d'armes, sont placés dans une poche en cuir adaptée dans l'intérieur de la sacoche droite. (Ce paquet est étiqueté et enveloppé comme il est prescrit ci-dessus.)

ART. 145.

Elle est repliée en trois doubles; le bout de la bretelle est engagé dans le battant de sous-garde et bouclé à 6 centimètres au-dessous de la capucine. (Cette

Bretelle de mousqueton; son ajustage.

9

mesure se prend à partir de la partie supérieure de la boucle à la partie infé-
férieure de l'anneau du battant de sous-garde.) Le bout de la bretelle est engagé ensuite en dessous de la boucle, fortement tendu et fixé par un bouton à
double face, en cuivre, au-dessous de la sous-garde.

ART. 146.

Ceinturon de ca-
valerie.

1º Les sous-officiers, brigadiers et gardes, portent le ceinturon en sautoir
ou en ceinture, selon que le service doit être fait à pied ou à cheval.

2º Dans le premier cas, le ceinturon est engagé sous la contre-épaulette
droite, et, pour les brigadiers et gardes, en dessous du porte-giberne, qui se
place de la même manière, mais en sens inverse, c'est-à-dire de gauche à droite.
Ces deux buffleteries se trouvent alors croisées sur la poitrine de manière à laisser paraître le premier bouton du surtout et à faire arriver la plaque immédiatement au-dessous du porte-giberne, en recouvrant même ce dernier de 3
millimètres. L'anneau inférieur de la pièce dite *entre-deux* doit être placé à la
hauteur de la hanche gauche. Lorsque le porte-baïonnette doit être adapté au
ceinturon, la baïonnette doit être maintenue perpendiculairement un peu en
arrière de la couture du pantalon, sans que la douille soit engagée sous la bas-
que de l'habit.

3º Dans le second cas, le ceinturon, placé horizontalement au-dessus des han-
ches, ne doit laisser voir sous l'habit que la moitié de la plaque, et être soutenu
dans cette position par la bretelle porte-sabre.

ART. 147.

Porte-manteau;
son paquetage.

1º Les effets qui doivent entrer dans le porte-manteau sont :
Le pantalon bleu large, un pantalon de coutil blanc et celui de treillis, deux
chemises, un col, les gants, la trousse, deux mouchoirs, deux serre-tête, deux
paires de chaussettes; la veste d'écurie, sous la patte du porte-manteau, ainsi
que le bonnet de police; le livret, dans le couvercle du porte-manteau. En cas
d'insuffisance de ces effets pour remplir le porte-manteau, on le complète par
le second pantalon de coutil blanc et une autre chemise.

2º Les pantalons, retournés, pliés sur eux-mêmes de la largeur du porte-manteau, seront bien étendus dans le fond, dans l'ordre désigné ci-dessus; les autres effets ou objets seront placés et répartis également dans le porte-manteau
et dans les bouts; le bonnet de police sera placé en long entre la patte et le
porte-manteau, la grenade du côté des boucles.

ART. 148.

Manière de plier
le manteau.

1º Ramener les deux côtés l'un sur l'autre, les doublures en dehors, faisant
sortir le grand collet de l'intérieur le long du petit collet; l'étendre sur une table, ramener le petit collet sur la doublure en faisant un pli sur toute la hauteur du manteau, ramener le bas sur le haut, ajuster ces deux plis de manière
que le manteau se trouve en longueur plus long d'environ 5 centimètres que le
porte-manteau.

2º Plier les doublures l'une sur l'autre, de manière qu'elles forment porte-
feuille; ramener en même temps le grand collet, l'étendre par plis à peu près égaux
sur la longueur que l'on donne à son manteau, ramener le bas en le pliant en
quatre ou cinq parties, que l'on aplatit et que l'on fait entrer dans le premier

pli, dit *porte-feuille*, formé par la doublure ; frapper le manteau avec les deux mains et ajuster les plis des côtés.

Art. 149.

1° Étendre les courroies sur la croupe du cheval, plaçant en croix celles de côté et celle du milieu par dessus ; placer le porte-manteau sur le coussinet, de manière que le devant relève de 3 centimètres ; boucler la courroie du milieu, la serrer fortement pour bien fixer le porte-manteau à la selle, et placer la boucle de façon que le rouleau se trouve à hauteur des angles extérieurs et supérieurs du porte-manteau ; introduire le bout de cette courroie dans son passant, achever de la tirer et l'étendre le long du porte-manteau (cette courroie doit le partager également), le fixer ensuite avec les courroies de côté, qui doivent avoir une égale distance entre elles et les bouts du porte-manteau, qui doit être divisé en trois parties bien égales ; les rouleaux de ces boucles sont ajustés sur celui du milieu et sur la ligne des angles supérieurs du porte-manteau.

2° Placer le manteau sur le porte-manteau, et en arrière d'environ 5 centimètres ; l'y assujettir avec les deux courroies de côté, après s'être assuré que le manteau est bien également placé dessus ; les rouleaux des boucles doivent se trouver à hauteur du bord extérieur de la doublure, et les courroies avoir deux trous de libres entre les deux rouleaux ; introduire le bout des courroies dans leurs passants, les tirer de manière qu'elles soient sur leur plat, et les engager ensuite en dedans des courroies et de la charge.

Porte-manteau et manteau ; manière de les charger sur le cheval.

Art. 150.

1° Tous les dimanches, à sept heures du matin, à moins de revue partielle ou générale du corps, par le colonel ou les officiers supérieurs, les compagnies et escadrons sont inspectés par les capitaines commandants dans une tenue différente, d'après la série qui leur est particulière, et déterminée ainsi qu'il suit :

Inspection du dimanche.

Pour l'infanterie...
- N° 1. Grande tenue avec armes, sac au dos, fausse capote sur le sac ;
- N° 2. Surtout avec armes, sans sac ;
- N° 3. Capote, sabre et chapeau, ou surtout, suivant la saison.

Pour la cavalerie...
- N° 1. A pied, grande tenue, sabre, grosses bottes, hongroise bleue ;
- N° 2. A pied, tenue de théâtre, mousqueton et sabre ;
- N° 3. A pied, surtout, chapeau et sabre.

2° Tous les officiers assistent à cette inspection dans la tenue de la troupe. (En cas de mauvais temps, cette inspection est remplacée par une revue de chambres.)

Art. 151.

On se conforme aux dispositions suivantes pour tout service, et, lorsqu'il doit y être dérogé, l'ordre en est donné par le colonel.

Règles générales pour tout service.

1° Les détachements commandés pour la Cour d'assises sont toujours en armes.

Détachement de la Cour d'assises.

2° Les sous-officiers ne font le service en sabre que pour les théâtres ; dans tout autre service et pour les revues et inspections, ils sont armés de leur fusil, à moins d'ordre contraire du colonel.

Fusil des sous-officiers.

3° Dans les bals publics et soirées particulières, lorsque le service n'est composé que d'un brigadier et deux gardes, ou de deux gardes seulement, le service est fait en sabre; dans les théâtres, il est toujours fait en armes, quel que soit le nombre d'hommes.

Mousqueton et pistolet des cavaliers de service. 4° Les cavaliers de garde emportent le pistolet et le mousqueton. Les cavaliers commandés de service les jours de grandes fêtes, les ordonnances chargées de porter les dépêches, ainsi que les hommes de patrouille, sont dispensés de prendre le mousqueton; mais ils conserveront le pistolet. Pour les revues et inspections, les cavaliers prennent toutes leurs armes, à moins d'ordre contraire.

CHAPITRE VII.

Punitions, réclamations, permissions, demandes diverses.

ART. 152.

Punitions: comment infligées. 1° Les punitions doivent être proportionnées non seulement aux fautes, mais encore à la conduite habituelle de l'homme, au temps de service qu'il a accompli, et enfin à la connaissance qu'il a des règles de la discipline et du service spécial du corps.

2° Les capitaines peuvent, dans leur compagnie, augmenter les punitions infligées par leurs subordonnés. Lorsqu'il y a lieu à diminuer les punitions, ils en font la demande par la voie du rapport. En aucun cas, ils ne peuvent changer la nature d'une punition.

3° Les chirurgiens du corps peuvent infliger la consigne ou la salle de police aux sous-officiers, brigadiers et gardes. Ils en rendent compte au lieutenant colonel, qui, sur leur demande, fixe la durée de la punition, et la fait porter au rapport.

4° On se conformera, pour la durée des punitions à infliger, au réglement du 2 novembre 1833 sur le service intérieur des troupes à pied et à cheval.

5° Toute punition cesse de droit au terme de son expiration, sans qu'il soit nécessaire d'en demander la levée au rapport.

6° Tout homme puni ne peut remplacer ni se faire remplacer dans un service commandé. Celui logé en ville, lorsqu'il est consigné, est tenu de rester à la caserne depuis le réveil jusqu'à l'appel du soir. S'il est puni pour ivresse, la permission de loger en ville lui est retirée.

Hommes consignés. 7° Tout homme consigné qui sort de la caserne sans être de service, ou entre dans les cantines, doit être puni sévèrement. Il peut, en outre, si le colonel l'ordonne, être soumis à des exercices disciplinaires.

Retenue aux hommes punis. 8° Lorsqu'un brigadier ou garde est puni de salle de police ou de prison, il subit, au profit de l'ordinaire, pour chaque journée de punition qui lui a été infligée, une retenue fixée à 30 centimes pour le brigadier, et à 20 centimes pour le garde.

9° Tout homme puni pour ivresse ou pour avoir découché, et qui se trouve débiteur envers la caisse, subira, jusqu'à ce qu'il ait comblé son débet, un supplément de retenue de 10 fr. par mois, au profit de sa masse d'entretien.

Privation de service salarié. 10° Tout homme puni pour ivresse ou pour découché est privé de service salarié et de permission : la première fois, pour un mois; la deuxième fois, pour deux mois; et enfin, la troisième fois, pour trois mois.

ART. 153.

Lorsqu'un homme pris de vin rentre à la caserne sans faire aucun bruit, on lui laisse la faculté de se coucher sans lui adresser de reproches. S'il fait du tapage, on le fait saisir par ses camarades, qui le conduisent soit à sa chambre ou à la salle de police, sous la surveillance d'un sous-officier, qui évite d'intervenir ostensiblement dans cette occasion. *Hommes pris de vin.*

Le lendemain, on met en usage les réprimandes et punitions nécessaires pour corriger ses habitudes vicieuses, et il est prévenu, par le commandant de la compagnie, qu'à la troisième punition pour ivresse, il sera renvoyé du corps.

Si un homme ivre est rencontré en ville par son chef, et que l'intervention de celui-ci devienne nécessaire, il doit se tenir, autant que possible, à distance du soldat ivre, pour ne pas s'exposer à être frappé, et pouvoir cependant surveiller l'exécution des ordres qui lui auraient été donnés ou qu'il pourrait donner lui-même au besoin.

ART. 154.

1º Tout militaire du corps atteint d'une affection vénérienne ou cutanée doit immédiatement en faire la déclaration au chirurgien de la caserne. Il n'encourt alors aucune punition. Si, au contraire, il n'en fait point la déclaration, et qu'il soit reconnu que la maladie remonte à plusieurs jours, il est envoyé à l'hôpital, et puni de quinze jours de consigne à sa sortie de l'hôpital. *Maladie syphilitique.*

2º Tout supérieur qui sait qu'un de ses subordonnés est atteint de syphilis ou maladie cutanée doit lui rappeler l'article ci-dessus, et le signaler au chirurgien et au commandant de la compagnie, dans le cas où ce militaire ne se déclarerait pas lui-même.

ART. 155.

Les commandants de compagnie et d'escadrons doivent apporter et faire apporter, par les officiers et sous-officiers sous leurs ordres, une grande surveillance sur les nouveaux admis, sous le rapport de l'intelligence, de l'aptitude et des habitudes, afin de pouvoir provoquer le renvoi dans leur ancien corps de ceux qui n'offrent pas la garantie d'une bonne conduite et d'un bon service pour le corps. Le lendemain de leur arrivée, ces militaires sont envoyés, à huit heures du matin, au bureau du major, pour être visités par le chirurgien-major. Ils se rendent ensuite, avec toutes leurs pièces, y compris le certificat de visite, à l'état-major du corps, et se présentent au sous-officier chargé du recrutement. *Surveillance sur les nouveaux admis.*

Tout militaire admis au corps est présenté, le lendemain de son arrivée, au colonel, à l'heure du rapport.

ART. 156.

1º Aussitôt qu'une enquête est ordonnée par le colonel, ou bien prescrite d'office par le commandant de la compagnie ou de l'escadron, cette enquête est faite par l'officier du peloton ou de la section dont l'homme fait partie. *Enquête sur la conduite d'un militaire du corps.*

2º L'officier prend, auprès des personnes intéressées ou des témoins, tous les renseignements propres à éclairer le colonel sur la faute commise par l'homme dont il est chargé de vérifier la conduite. Cet officier dresse un rapport circonstancié qu'il remet à son capitaine, qui le fait parvenir au colonel par la voie hiérarchique, après y avoir consigné lui-même ses propres observations sur la conduite habituelle et la manière de servir du militaire.

3º Dans certains cas, les adjudants-majors sont chargés, par le colonel, des enquêtes concernant les militaires de leur bataillon ou escadrons.

ART. 157.

Conseil de discipline et d'enquête. Chaque fois qu'un homme est traduit devant un conseil de discipline ou d'enquête, le capitaine commandant joint à sa plainte l'enquête faite à son égard, son extrait de compte, son relevé de punitions et son relevé de services. Ces trois dernières pièces sont en double expédition. Toutes ces pièces sont adressées personnellement au chef d'escadron, qui les transmet au colonel par la voie hiérarchique.

ART. 158.

Conseil de guerre. Chaque fois qu'un homme se met dans le cas d'être traduit devant un conseil de guerre, le capitaine commandant adresse au colonel, par la voie hiérarchique, un rapport détaillé des faits qui lui sont imputés. Le rapport est accompagné du relevé de punitions, de l'extrait de compte et du relevé de services du militaire. Ces trois dernières pièces sont fournies en double expédition. Le chef d'escadron et le lieutenant colonel transmettent, après en avoir pris connaissance, toutes ces pièces au colonel, sans avis ni apostille.

ART. 159.

Réclamations. Toutes les réclamations doivent être adressées par la voie hiérarchique avant d'arriver au colonel. Il n'est permis à aucun militaire du corps de s'écarter de cette règle qu'en cas de déni de justice. Toute réclamation qui n'est pas reconnue fondée en droit et en principe entraîne une augmentation de punition. Lorsqu'un militaire du corps se présente devant un de ses supérieurs pour lui adresser une réclamation, il doit prendre la position militaire, s'exprimer avec calme et en termes respectueux. Dans aucun cas, les réclamations ne peuvent être collectives.

ART. 160.

Demande de mariage des officiers. Les officiers de tous grades se conforment aux dispositions suivantes, lorsqu'ils sont dans l'intention de former une demande pour contracter mariage (circulaire ministérielle du 17 décembre 1843) :

1° La future doit apporter en dot un revenu non viager de 1,200 francs au moins.

2° La demande doit être adressée au ministre de la guerre et transmise au colonel par la voie hiérarchique ; elle doit être accompagnée d'un certificat délivré par le maire du domicile de la future, approuvé par le sous-préfet de l'arrondissement, constatant :

1° L'état de la future et de ses parents, et la réputation dont ils jouissent ;

2° Le montant et la nature de la dot de la future, ainsi que la fortune à laquelle elle peut prétendre.

3° L'extrait du contrat de mariage, signé par un notaire.

4° Dans le mois de la célébration du mariage, l'officier fait parvenir, par la voie hiérarchique, au ministre de la guerre, un extrait du contrat de mariage, en ce qui concerne l'apport de sa femme, délivré par le notaire dépositaire de l'acte.

5° Les permissions de mariage ne sont valables que pendant six mois, sauf au titulaire à en demander le renouvellement, s'il y a lieu, par la voie déjà indiquée. Cette dernière demande indique les rectifications que doivent subir les premiers renseignements fournis, et dont, suivant la nature, il est justifié dans la forme voulue.

6° Le chef d'escadron, le lieutenant colonel et le colonel doivent, en transmettant une demande de mariage, y joindre leur avis motivé sur la moralité de la future, sur la constitution de sa dot et sur la convenance de l'union projetée, d'après les renseignements qu'ils doivent recueillir eux-mêmes, lesquels renseignements sont transmis au ministre en même temps que la demande à laquelle ils se rattachent.

7° Les officiers qui contreviennent aux prescriptions ci-dessus, ou qui produisent sciemment des pièces dont l'énoncé serait reconnu inexact, encourent une peine sévère, conformément à la législation en vigueur.

Art. 161.

1° Aucune demande de mariage d'un sous-officier, brigadier ou garde, ne peut être acccordée si sa masse n'est pas complète. On se conformera, pour ces demandes, aux dispositions suivantes :

Demande de mariage des sous-officiers et gardes.

2° Lorsqu'un militaire désire se marier, le commandant de compagnie ou d'escadron fait procéder, par le lieutenant de section ou de peloton, à une enquête sur la moralité de la future et de sa famille et sur la réalité de la dot qu'elle apporte. Cet officier rend compte de sa mission par un rapport qu'il remet à son capitaine.

3° Le capitaine commandant, après avoir émis son avis motivé sur l'avantage ou le désavantage de l'union projetée, adresse au colonel, par la voie hiérarchique, la demande du militaire, en y joignant les pièces indiquées ci-après :

1° La demande du militaire ;

2° Le rapport de l'officier de section ou de peloton ;

3° Les actes de naissance des futurs époux ;

4° Le consentement des père et mère des deux parties, ou leurs actes de décès ;

5° Un certificat de bonne vie et mœurs de la future, délivré par le maire ou le commissaire de police de sa commune ;

6° Un bordereau des valeurs déposées entre les mains du capitaine, et qui sont rendues au demandeur aussitôt que l'autorisation de contracter mariage est accordée ;

7° Le relevé des punitions du militaire ;

8° Un extrait de son compte ouvert.

4° Toute autorisation de mariage qui n'a pas reçu son exécution dans le délai de deux mois est renvoyée au bureau du colonel.

5° Huit jours après la célébration du mariage, les hommes adressent au chef d'escadron major un certificat de la mairie constatant que le mariage a été célébré.

6° Les demandes de mariage des sous-officiers, brigadiers ou gardes, sont adressées au conseil d'administration du corps, qui les soumet à l'approbation du colonel.

Art. 162.

1° Lorsqu'une demande de secours d'urgence est fondée sur la maladie d'un militaire du corps, de sa femme ou de ses enfants, cette maladie doit être constatée par un certificat délivré par le chirurgien de la caserne. Lorsqu'elle est faite par un homme nécessiteux, le commandant de la compagnie ou de l'esca-

Demande de secours.

dron certifie l'exactitude des faits énoncés dans la demande, et donne son opinion sur la moralité du demandeur.

2° Les demandes de secours sont adressées, par la voie hiérarchique, au conseil d'administration du corps. Elles doivent indiquer en marge l'état de la masse du militaire, s'il est marié, le nombre d'enfants à sa charge et leur âge, ou enfin s'il est veuf avec ou sans enfants. Ces demandes sont établies sur des modèles imprimés adoptés par le corps.

ART. 163.

Demande de démission.

1° Aucun militaire du corps ne peut donner sa démission s'il n'est quitte envers la caisse du corps.

2° Les demandes de démission doivent être libellées conformément au modèle prescrit par l'instruction ministérielle. Elles ne doivent être adressées, dans le courant d'une inspection à l'autre, que pour des motifs déterminants, justifiés par un certificat constatant l'urgence, délivré par le commissaire de police du quartier pour les hommes nés à Paris, et par le maire de leur commune pour ceux qui se retirent en province. On joint, en outre, à la demande, un relevé de punitions et un extrait du compte ouvert de l'homme.

3° Tout militaire qui, ayant donné sa démission, quitte le corps sans attendre la décision du ministre, est privé de congé, de certificat de bonne conduite, et ne reçoit que le relevé de ses services. S'il redoit au corps, il est déclaré en fuite et poursuivi, quoique n'étant point tenu au service; s'il est tenu au service, il est signalé et poursuivi comme déserteur.

4° Tout garde en instance de démission qui commet une faute grave ou qui se livre à l'ivrognerie se met dans le cas d'être signalé immédiatement au ministre de la guerre pour le retrait du certificat de bonne conduite auquel il peut avoir droit et pour l'échange de sa démission, contre un congé de réforme.

5° Tout garde qui quitte le corps pour remplacer ne pourra y être réadmis qu'après trois ans de service dans l'armée. (Décision ministérielle du 17 février 1843.)

6° Tout cavalier démissionnaire, même ne redevant rien au corps, ne peut disposer de son cheval et l'emmener sans autorisation, sous peine d'être arrêté et livré aux tribunaux militaires.

7° Les demandes de démission sont adressées au ministre de la guerre et transmises par la voie hiérarchique.

ART. 164.

Demande pour changer de corps ou d'arme.

1° Les demandes des hommes qui désirent changer de corps ne doivent être transmises qu'autant qu'elles sont accompagnées du certificat d'acceptation du chef du corps dans lequel les militaires désirent entrer, et d'un extrait du compte et du relevé de punitions.

2° Les militaires du corps qui demandent à passer de l'infanterie dans la cavalerie sont examinés par le chef d'escadron de cavalerie, qui constate, par apostille, sur leur demande, s'ils réunissent l'aptitude et l'instruction nécessaires pour y faire un bon service.

3° Ces sortes de demandes sont adressées au ministre de la guerre et transmises par voie hiérarchique.

ART. 165.

Demande d'un congé de convalescence.

1° Toute demande de congé de convalescence est adressée au ministre de la guerre. Elle doit être accompagnée des certificats de visite et de contre-visite délivrés par les officiers de santé. Ces certificats parviennent au bureau des compagnies par les soins du chef d'escadron major, qui les reçoit du sous-intendant militaire.

2° Les demandes de congés de convalescence sont établies sur des modèles imprimés adoptés par le corps, et transmises au colonel par la voie hiérarchique.

Art. 166.

1° Toute demande de changement de compagnie doit être motivée. Elle est adressée au colonel. Le militaire qui la fait doit obtenir le consentement de son capitaine et de celui dans la compagnie duquel il désire être placé. Ce consentement doit être inscrit en marge de la demande. *Demande de changement de compagnie.*

2° Les capitaines commandants transmettent ces demandes au colonel, par la voie hiérarchique, dans la dernière quinzaine de chaque trimestre.

Art. 167.

1° Ces demandes sont adressées au conseil d'administration; elles doivent être accompagnées d'un certificat du chef de détachement qui constate la nature de la détérioration, le jour, l'heure et dans quel service l'effet a été détérioré. *Demande pour détérioration d'effets dans le service.*

2° Ces demandes sont transmises au colonel par la voie hiérarchique. Elles doivent indiquer en marge l'état de la masse du militaire.

Art. 168.

1° Les commandants de compagnie et d'escadron doivent, dans toutes les apostilles qu'ils mettent sur les demandes qui sont faites par leurs subordonnés, exprimer le motif de la demande et leur opinion sur l'opportunité. *Demandes diverses; comment faites et apostillées.*

2° Toute demande doit être écrite de la main de l'homme qui la fait, et à mi-marge, pour recevoir l'apostille du capitaine, chef d'escadron et lieutenant colonel; elle doit porter en tête le titre de l'autorité chargée de statuer.

3° Toutes les demandes doivent parvenir au colonel par la voie hiérarchique; mais lorsque des retards peuvent être nuisibles à la santé ou aux intérêts des hommes, leurs demandes sont soumises par eux au visa du chef d'escadron et du lieutenant colonel, et apportées de suite au bureau du colonel.

Art 169.

Chaque fois que plusieurs militaires se trouvent dans le cas de faire la même demande, elle est faite en autant d'expéditions qu'il y a d'intéressés. Toute demande collective est formellement interdite. *Demandes collectives.*

Art. 170.

Tout militaire qui, étant en permission ou congé, entre à l'hôpital, doit, à sa sortie, rejoindre le corps dans un laps de temps aussi court que celui qui lui restait à parcourir pour attendre la fin de son congé avant son entrée à l'hôpital, sous peine de perdre tout droit à son rappel de solde de congé et à sa masse d'entretien. (Art. 35 du réglement du 21 novembre 1823.) *Militaire entrant à l'hôpital étant en congé.*

Art. 171.

Il est défendu à tout militaire du corps, de la manière la plus expresse, d'adresser directement aux diverses autorités des demandes tendantes à obtenir des secours ou des récompenses. Si, par exception, des militaires du corps se trouvaient, par suite d'événements extraordinaires, fondés à adresser de pa- *Pétitions aux différentes autorités.*

10

reilles demandes, elles devraient parvenir au colonel par la voie hiérarchique, après avoir été examinées par les commandants de compagnie ou d'escadron, qui indiqueraient exactement en marge leur avis et les causes qui peuvent les motiver.

La feuille de punitions du militaire serait jointe à sa demande, ainsi que son extrait de compte.

Art. 172.

Permissions des officiers.

1° Tout officier qui désire obtenir une permission de vingt-quatre ou quarante-huit heures en fait la demande au colonel sur la situation journalière de la compagnie ou de l'escadron.

2° Pour toute permission au-dessus de quarante-huit heures et jusqu'à huit jours inclusivement, l'officier en fait la demande par écrit au colonel, et la transmet par la voie hiérarchique. L'imprimé pour la permission est joint à la demande. L'officier en permission d'un à huit jours n'est dispensé d'aucun service : ses tours lui sont rappelés à sa rentrée de permission. Il se présente, à son retour, à son supérieur immédiat.

3° Les permissions qui excèdent huit jours sont demandées au ministre de la guerre et transmises au colonel par la voie hiérarchique. A sa rentrée d'une permission de plus de huit jours, l'officier se présente à son capitaine, à son chef d'escadron, au lieutenant colonel et au colonel.

4° Les capitaines commandants rendent compte à leur chef d'escadrons des permissions accordées à leurs officiers ou à eux-mêmes ; les chefs d'escadrons en donnent avis au lieutenant colonel.

Art. 173.

Fixation du nombre de permissions à accorder dans les compagnies et escadrons.

1° Les permissions sont accordées, dans la proportion suivante, aux sous-officiers, brigadiers et gardes des compagnies d'infanterie, avec défense d'en dépasser le chiffre :

	De 4 heures.	De 10 heures ou minuit.	De 1 à 8 jours.
Aux sous-officiers des deux armes...	1	1	1
Aux brigadiers des deux armes......	1	1	1
Aux gardes d'infanterie............	4	6	2
Aux gardes de cavalerie.	5	8	3

2° Il ne pourra y avoir à la fois que deux sous-officiers, brigadiers ou gardes, par compagnie ou escadron, en permission ou congé de plus de huit jours.

3° Les congés de convalescence sont en dehors de la présente fixation.

Les permissions d'un à huit jours font nombre avec celles de minuit, c'est-à-dire que, s'il y a deux gardes en permission d'un à huit jours, il ne leur est accordé que quatre permissions de minuit.

Art. 174.

Permission de l'appel du matin et du pansage.

1° Les permissions de l'appel de neuf heures du matin (infanterie) ne doivent être accordées que dans des cas extrêmement urgents. Elles le sont par l'officier de semaine, ainsi que celles du pansage pour les cavaliers.

Les cavaliers qui obtiennent des permissions du pansage doivent s'arranger de gré à gré avec leurs camarades pour faire panser leurs chevaux.

2° Les permissions de l'appel de quatre heures, pour l'infanterie, sont accor- *Permission de quatre heures.* dées aux sous-officiers et brigadiers par le maréchal des logis chef, et aux gardes par le maréchal des logis ou brigadier de semaine. Ils en rendent compte au lieutenant de semaine, qui veille à ce que le nombre fixé ne soit point dépassé.

3° Pour les permissions de minuit, de vingt-quatre ou de quarante-huit *Permission de minuit, vingt-quatre et quarante-huit heures.* heures, les sous-officiers et gardes s'adressent au maréchal des logis chef avant le rapport du matin; celui-ci en informe le commandant de la compagnie ou de l'escadron qui, d'après la conduite de ceux qui les sollicitent, juge s'il doit les accorder ou les refuser.

4° Si, dans le courant de la journée, un homme a un besoin urgent d'une permission de minuit, il peut s'adresser au lieutenant de semaine par l'intermédiaire du maréchal des logis de semaine. Cet officier est autorisé à l'accorder. Il en rend compte au capitaine de police, et le lendemain le maréchal des logis chef en rend compte au capitaine commandant la compagnie ou l'escadron.

5° Les permissions de minuit, vingt-quatre et quarante-huit heures, sont signées par le capitaine commandant, et soumises le lendemain, au rapport, à la signature du colonel. Ces permissions doivent être datées en toutes lettres.

6° Les permissions de trois à huit jours inclusivement sont demandées la veille sur la situation journalière; elles sont soumises le lendemain, à l'heure du rapport, à la signature du colonel.

7° Toute demande de permission de huit jours, en attendant un congé de convalescence, doit être accompagnée d'un certificat du chirurgien constatant l'urgence; elle est avec solde ou demi-solde, suivant la nature du congé de convalescence.

3° Toute permission de huit jours doit porter en marge l'indication avec solde *Indication de la solde sur les permissions.* de présence ou demi-solde.

9° Tout sous-officier, brigadier ou garde qui obtient une permission d'un *Tout militaire en permission de huit jours doit son service.* à huit jours inclusivement, avec solde entière, n'est dispensé d'aucun service : tous ses tours de service lui sont rappelés à sa rentrée.

L'adjudant ou le maréchal des logis chef a soin cependant de laisser entre chaque tour un intervalle raisonnable.

10° Il est joint un bulletin de visite de santé du chirurgien de la caserne à *Bulletin de santé joint aux permissions.* toute permission, hors Paris, excédant deux jours. Quant aux congés et permissions au-dessus de huit jours, ce bulletin est représenté au moment de la délivrance de la permission ou congé pour y être joint. A leur rentrée de permission, les permissionnaires sont de nouveau visités par le chirurgien de la caserne, sous la responsabilité des capitaines commandants. Le chirurgien de chaque caserne indique nominativement, sur son rapport, les hommes rentrant de permission qu'il a visités; le chirurgien-major en fait le relevé nominatif, en général, sur son rapport d'ensemble du service de santé.

Art. 175.

1° Toute demande de permission au-dessus de huit jours est adressée au *Permission de quinze jours et au-dessus.* ministre de la guerre et transmise au colonel par la voie hiérarchique.

2° Lorsque des motifs urgents nécessitent qu'un homme obtienne une permission de cette nature au-dessus du nombre fixé, les capitaines commandants en préviennent le colonel, et donnent leur opinion sur l'opportunité de dépasser la limite fixée.

3° Toute demande de congé ou permission au-dessus de huit jours doit être accompagnée d'un certificat du maire de la commune où se rend le militaire constatant l'urgence de sa présence dans sa famille.

Art. 176.

Visa du sous-
officier de garde à
la police. Tout homme rentrant de permission d'absence doit faire viser sa permission par le maréchal des logis de garde à la police, qui constate l'heure de sa rentrée au quartier.

Art. 177.

Inventaire des
effets des hommes
qui s'absentent. 1° Aussitôt qu'un militaire doit s'absenter pour plus de huit jours, pour tel motif que ce soit, le maréchal des logis chef dresse, en présence du militaire, ou, en son absence, en présence de deux témoins, l'inventaire de ses effets. Cet inventaire, conforme au modèle donné, est établi en double expédition, dont l'une est adressée immédiatement au chef d'escadron major, et la seconde est renfermée dans la malle du militaire. La malle de tout militaire absent est déposée dans le magasin de la compagnie, sous la responsabilité du maréchal des logis chef.

2° En l'absence du maréchal des logis chef, cet inventaire est fait et signé par le maréchal des logis fourrier.

3° A la rentrée de tout homme en permission de huit jours et au-dessus, le lieutenant de section ou peloton passe la revue des effets de cet homme.

Art. 178.

Délivrance de
certificats par les
militaires du corps. Il est expressément interdit à tout militaire du corps, de quelque grade qu'il soit, de signer ou délivrer, sans l'autorisation du colonel, aux militaires qui font ou ont fait partie du corps, des certificats servant à constater tel fait que ce soit. La même interdiction existe à l'égard des certificats qui pourraient être sollicités par des personnes étrangères au corps.

CHAPITRE VIII.

Habillement, armement, équipement.

Art. 179.

Lieutenant d'ha-
billement et d'ar-
mement. Le lieutenant d'habillement est chargé, sous la direction du chef d'escadron major, de tous les détails de l'habillement, de l'armement, de l'équipement, du harnachement et de toutes les écritures qui s'y rattachent. Un lieutenant ou sous-lieutenant désigné par le colonel, et dispensé de tout autre service, est adjoint au lieutenant d'habillement pour les détails de l'armement. Le lieutenant d'armement remplit néanmoins ses devoirs d'officier de section.

Art. 180.

Réunion du con-
seil d'administra-
tion au magasin
d'habillement. 1° Le lundi de chaque semaine, les membre délégués du conseil d'administration se réunissent, à une heure, au magasin d'habillement sous la présidence du chef d'escadron major, pour procéder à la vérification de toutes les fournitures faites par les divers fournisseurs pendant la semaine précédente, ainsi que des effets ou objets confectionnés qui leur sont présentés par les maîtres ouvriers du corps. Les draps, coutils, toiles, et les divers effets reçus, sont marqués séance tenante.

2° Le même jour, les effets de toute nature qui ont été mis hors de service *Effets détériorés.* ou détériorés par suite d'accidents de force majeure sont soumis par le major à l'examen de cette commission, qui règle, sur le vu des pièces, l'indemnité à proposer pour la perte éprouvée. En conséquence, tout homme qui a eu des effets détériorés doit se présenter le lundi, à une heure, au magasin d'habillement; il doit être porteur de son livret.

3° L'état de proposition d'indemnité sur le fonds d'abonnement d'entretien et de remonte est établi dans chaque compagnie ou escadron.

Cet état est appuyé, pour chaque proposition, du certificat prescrit par l'art. 25 de l'instruction du 15 juillet 1835, et du procès-verbal ou rapport, délivré par le chef de poste ou de détachement, constatant la nature de la perte ou de la détérioration.

4° La commission est également chargée de recevoir les plaintes ou réclamations qui peuvent être adressées par les capitaines commandants relativement à l'habillement, l'équipement, le harnachement, etc.

Art. 181.

1° Le mardi, la distribution d'effets de toute nature aura lieu pour les com- *Distributions d'ef-* pagnies du 1ᵉʳ bataillon, qui auront été prévenues la veille par l'officier d'ha- *fets de toute natu-* billement, qui leur indique les militaires qui ont des effets confectionnés à re- *re par le magasin.* cevoir.

2° Le mercredi, détail intérieur du magasin et travail de bureau.

3° Le jeudi, distribution aux compagnies du 2ᵉ bataillon.

4° Le vendredi, détail intérieur du magasin, travail du bureau et demande aux divers fournisseurs des objets nécessaires pour la semaine suivante.

5° Le samedi, distribution aux escadrons.

6° Les hommes conduits au magasin d'habillement pour recevoir des effets n'émargeront que pour ceux qui leur seront remis à l'instant même.

7° Les commandants de compagnie et d'escadrons se conforment, pour l'inscription sur le compte ouvert et sur les livrets des effets distribués, aux dispositions de l'ordonnance du 10 mai 1844.

8° Il n'est dérogé aux dispositions ci-dessus que par ordre du colonel.

9° Les effets qui resteront entre les mains des maîtres ouvriers pour être retouchés ne seront pas compris dans les bons provisoires des capitaines commandants.

10° Il est expressément interdit à l'officier d'habillement et aux maîtres ouvriers de délivrer des contre-bons. Un bon régulier, visé par le major, est remis, le 26 de chaque mois, au lieutenant d'habillement.

11° Le dimanche, collationnement et récapitulation générale des effets distribués pendant la semaine, commandes diverses aux fournisseurs, correspondance à ce sujet.

Art. 182.

1° Les capitaines commandants veillent à ce que tous les hommes désignés *Manière d'es-* pour recevoir des effets se rendent au magasin, conduits en ordre par un des *sayer les effets au* sous-officiers comptables; que ceux qui doivent en recevoir d'habillement aient *magasin.*

le pantalon de drap. La capote devra être essayée par dessus la veste ; l'habit, le surtout et la veste, par dessus un gilet de tricot.

2° Les hommes qui n'ont pu assister à la distribution viennent à la distribution suivante. A défaut de sous-officiers comptables, ces hommes peuvent être conduits au magasin par un maréchal des logis ; mais, sous aucun prétexte, ils ne doivent s'y rendre seuls ni s'en revenir seuls.

ART. 183.

Officiers présents au magasin pour les réceptions d'effets.

1° Le capitaine commandant doit se rendre au magasin lorsque ses hommes ont à recevoir des effets d'armement, d'habillement et d'équipement. En cas d'absence pour cause de service, il est remplacé à la distribution par un officier de la compagnie ou de l'escadron.

2° Le capitaine fait essayer les effets à ses hommes, afin de s'assurer qu'ils vont bien, qu'ils ne les gênent point, qu'ils n'ont aucune défectuosité ; et, dans le cas contraire, il les laisse au magasin pour être changés ou rectifiés ; mais, sous aucun prétexte, il ne doit laisser écouler plus de quatre jours sans avoir rempli cette formalité.

3° Pour la réception des effets de linge et chaussure ou de petite monture, la présence de l'un des sous-officiers comptables est seule nécessaire au magasin.

ART. 184.

États de première mise.

Les états de première mise de grand et de petit équipement ne doivent être présentés à la signature du chef d'escadron major que lorsque le colonel a statué définitivement sur l'admission de l'homme ; ce dont les compagnies et escadrons sont prévenus par le major.

ART. 185.

États de remplacement d'effets.

1° L'officier d'habillement ne délivre aucun effet de grand et de petit équipement sans qu'au préalable il ait été fourni un état de demande signé par le capitaine commandant et visé par le major.

2° Les états de demandes de remplacement sont établis, autant que possible, au commencement de chaque mois, à la suite de la revue des officiers de section ou de peloton.

3° Chaque homme ne doit recevoir, dans le même trimestre, plus d'une chemise, un col et une paire de gants, sans faire l'objet d'une annotation sur l'état de demande.

4° Le remplacement des effets doit être strictement calculé sur les besoins réels, et eu égard à la retenue affectée à l'entretien.

5° Les états de remplacement doivent contenir le numéro annuel de tous les hommes qui y figurent, leur situation de caisse, calculée au jour de la demande.

ART. 186.

États des effets reçus pendant la semaine.

Chaque dimanche, à l'heure du rapport, les commandants de compagnie et d'escadrons adressent au chef d'escadron major un état des effets d'habillement reçus dans le courant de la semaine, sur lequel ils consignent leurs observations.

Dans le cas où des effets reçus pendant ces huit jours laisseraient quelque chose à désirer, les hommes sont envoyés le lundi , à une heure , au magasin , avec ces effets, pour être présentés au major.

ART. 187.

Il n'est point accordé d'indemnité, pour perte ou détérioration d'effets, lors— que, contrairement aux ordres du corps, ces effets n'ont pas été délivrés par le magasin d'habillement, ou qu'ils ont dépassé le terme de leur durée légale, qui est ainsi fixée :

Durée légale des effets.

Le manteau, neuf ans;
La capote, trois ans;
L'habit de grande tenue, quatre ans;
Le surtout et les aiguillettes, deux ans;
La veste, trois ans;
Le pantalon de drap et la hongroise, un an;
Le pantalon blanc ou de tricot, trois ans;
Le chapeau, deux ans;
Le schako, quatre ans;
Le casque, douze ans;
Les grosses bottes, deux ans;
Les bottines, un an;
Le bonnet de police, trois ans;
Le havre-sac et le porte-manteau, douze ans.

ART. 188.

1° Tous les effets d'habillement, de grand et de petit équipement et de linge et chaussure, doivent être marqués ainsi qu'il est indiqué ci-après :

Marque des effets.

2° Aussitôt leur réception au magasin d'habillement, le cachet du conseil doit être apposé près de la ceinture, et l'indication du trimestre et de l'année un peu au-dessous de la doublure du dos.

Effets d'habillement.

Les pantalons recevront l'empreinte de ces cachets sur la ceinture.

3° Ces effets sont, en outre, marqués dans l'intérieur des compagnies et escadrons, de la lettre de la compagnie et du numéro matricule de l'homme. A cet effet, chaque compagnie ou escadron sera pourvu de sa lettre alphabétique et d'une série de numéros matricules de 14 millimètres de hauteur. Ainsi, le petit état-major aura la lettre A ; la 1re compagnie du 1er bataillon, la lettre B; la 2e compagnie, C, et ainsi de suite, jusqu'au 2e escadron inclus, qui aura la lettre R.

Les habits, surtouts , capotes, manteaux et vestes, sont marqués du numéro matricule au milieu de la doublure du dos, et la lettre de la compagnie un peu au-dessus.

Les pantalons le sont sur la doublure de la ceinture, entre la boutonnière et les boutons de la bretelle; la lettre est placée à gauche du numéro matricule.

4° Les caleçons sont marqués de la même manière que les pantalons; les chemises sont marquées au pan droit de devant, à la hauteur du gousset, et la lettre un peu au-dessus.

Linge et chaussure.

Les bottes le sont intérieurement, à côté du tirant droit. Enfin, les autres effets sont marqués intérieurement, dans l'endroit le plus apparent.

5° Le cachet de réception apposé sur le baudrier de sabre est à 5 centimètres

Équipement. Infanterie.

au-dessus du passant du fourreau de baïonnette; le numéro matricule est placé à 20 centimètres au-dessus de la partie du porte-sabre.

Le cachet de réception placé sur le porte-giberne est à 20 centimètres au-dessus du contre-sanglon, passant dans la traverse du côté gauche de la giberne; le numéro matricule est placé au-dessus de ce cachet.

La bretelle de fusil est timbrée du cachet de réception à 10 centimètres de la boucle; le numéro matricule est à environ 3 centimètres au-dessus.

Le fourreau de baïonnette porte le cachet de réception sur le contre-sanglon en buffle, le numéro matricule placé sur le fourreau, à 10 centimètres de la chape. ·

Le bouchon de fusil est marqué au numéro matricule sur le bois.

Cavalerie.

6° Le ceinturon porte le cachet de réception sur le grand côté, à 6 centimètres de l'anneau; le numéro matricule, à 2 centimètres de ce cachet, du côté opposé à l'anneau.

Les deux bélières sont marquées à 6 centimètres de l'anneau.

Le porte-baïonnette est marqué au numéro matricule à 2 centimètres du bord de l'échancrure.

Le fourreau de baïonnette, comme celui de l'infanterie.

La dragonne porte le cachet de réception à 6 centimètres du passant coulant fixé à la frange; le numéro est placé à la même distance de la partie opposée au cachet.

Le cachet de réception sera placé, sur le porte-giberne, à 2 centimètres du buffle, percé de deux rangées de trous, cousu sur la grande bande; le numéro matricule sera placé à 16 centimètres de la plaque dite *agrément*, découpée en patte d'ours.

La petite bande porte le cachet de réception entre le passe-coulant et les boutons à double face; le numéro matricule est placé au-dessus, entre le passe-coulant et la couture de la grande boucle.

Les bouchons de mousquetons et de pistolets sont marqués comme les bouchons de fusils.

ART. 189.

Effets achetés ou vendus par les hommes.

Il est expressément défendu aux sous-officiers et gardes d'acheter de vieux effets aux hommes qui quittent le corps sans s'être conformés aux dispositions suivantes :

1° Ils doivent les payer de leurs deniers et les soumettre à l'examen de leur capitaine, qui en vérifie les dimensions, les fait essayer et s'assure qu'ils vont bien à la taille.

2° Les effets ainsi acceptés sont aussitôt marqués au numéro matricule des hommes, en ayant soin de passer une barre sur les anciens numéros.

Les capitaines commandants doivent être très-sévères sur l'acceptation de ces effets.

3° Il est défendu à tout militaire, sous peine de punition, de se défaire de ses vieux effets sans l'autorisation de son capitaine.

ART. 190.

Estimation d'effets.

Lorsque les capitaines commandants devront procéder à l'estimation des effets appartenant à un militaire de leur compagnie ou escadron, cette estimation devra être faite contradictoirement avec l'officier d'habillement, et l'état la constatant sera signé par cet officier et visé par le chef d'escadron major.

ART. 191.

1° Lorsqu'un capitaine commandant aura à verser des effets en service au magasin, il fera établir un état, en double expédition, conforme au modèle donné. Une de ces expéditions sera visée par le major avant le versement. *Effets en service versés en magasin.*

2° La colonne du prix d'estimation restera en blanc.

3° L'officier d'habillement ne recevra en magasin que les effets d'uniforme susceptibles d'être mis en service : tous les autres objets seront vendus par les soins du capitaine commandant, qui, à cet effet, fera établir un procès-verbal de vente. Le produit de cette vente sera versé intégralement à la masse du débiteur.

4° Le procès-verbal de la vente sera signé par deux témoins pris dans la compagnie ou l'escadron et par le capitaine commandant.

ART. 192.

1° Les distributions d'effets de toute nature sont suspendues, à partir du 26 de chaque mois, jusqu'au 1er du mois suivant. *Récapitulation mensuelle.*

Si, dans l'intervalle, le major ordonnait des distributions d'urgence, les effets en provenant seraient imputés sur les comptes du mois suivant.

2° Le 27, à onze heures du matin, les récapitulations mensuelles seront remises à l'officier d'habillement, qui les vérifiera avec les bons partiels.

3° Le 29, dans la matinée, les maréchaux des logis chefs iront s'assurer, auprès de l'officier d'habillement, s'il n'y a pas de rectifications à faire ; on établira ensuite le bon général, conformément au modèle donné. Sous aucun prétexte, on ne doit intervertir les colonnes classées d'après leur numéro d'ordre. Ce bon sera émargé par les parties prenantes (sous-officiers, brigadiers et gardes), et remis au bureau d'habillement, le 1er de chaque mois, à deux heures de relevée, pour tout délai. Le capitaine commandant émargera pour les hommes absents. *Bon général d'effets reçus du magasin.*

4° Un état des effets en service versés au magasin, et un de ceux reçus, sont adressés, le 27 du dernier mois de chaque trimestre, au bureau d'habillement, pour y être vérifiés. *État des effets en service versés et reçus du magasin.*

Ces deux états sont établis conformément au modèle donné (format n° 1). Ils sont certifiés par le capitaine commandant, et l'arrêté est mis en toutes lettres.

5° Lorsqu'il n'a pas été reçu ni versé d'effets pendant le trimestre, les états sont négatifs.

6° Deux expéditions de ces états vérifiés sont remises à l'officier d'habillement, en même temps que le bon général du dernier mois du trimestre.

ART. 193.

Les bons mensuels d'effets reçus du magasin sont établis conformément au modèle donné. Sous aucun prétexte, on ne doit intervertir les colonnes classées d'après leur numéro d'ordre. *Bons mensuels d'effets reçus du magasin.*

ART. 194.

1° Le premier jour de chaque trimestre, le capitaine commandant adresse à l'officier d'armement, sur papier format n° 2, et conforme au modèle donné, une situation reproduisant tous les objets d'armement existant à la compagnie ou escadron au dernier jour du trimestre précédent, et récapitulant nominativement les gains et les pertes des trois mois écoulés. *Situation trimestrielle d'armement.*

2° Cette situation indiquera aussi les munitions existant à la compagnie ou à l'escadron.

3° Tous les hommes armés pendant le trimestre, ceux venus ou passés à d'autres compagnies, ceux congédiés ou passés à d'autres corps, y figurent nominativement avec la mutation de l'arme et non celle de l'homme, c'est-à-dire que, pour les nouveaux admis, on porte pour mutation : *Armé le*...; pour ceux congédiés : *Versé au magasin le*...; enfin, pour ceux passés ou venus d'autres compagnies : *Venu, le*..., *de telle compagnie*, ou : *Passé, le*..., *à telle compagnie*.

4° Le contrôle des hommes ne doit recevoir d'autres mutations que celles des militaires quittant la compagnie. Ils sont biffés alors avec une barre à l'encre partant inclusivement du numéro de l'arme jusqu'au grade exclus, et, en regard, la même mutation que sur le contrôle d'armement.

ART. 195.

Réparations à l'armement.

Les réparations faites par l'armurier sont de deux espèces :

1° Celles qui doivent être considérées comme réparations sont celles faites aux fusils, sabres, mousquetons, pistolets et tire-balles; elles figurent sur la feuille de décompte.

2° Toutes les autres réparations, telles qu'étamage de mors et gourmettes, réparations aux mors, nécessaires d'armes, tampons de cheminées, cravates et pattes de sabre, etc., sont désignées sous le titre de *Réparations diverses*, et payées sur la solde des hommes par les soins du capitaine commandant.

ART. 196.

Revue d'armement.

Conformément au réglement sur l'entretien des armes, les lieutenants de section ou de peloton passent, dans les dix premiers jours de chaque mois, une revue détaillée des armes; ils s'assurent :

1° Que la fraisure du chien soit nettoyée avec soin;

2° Que le bois soit graissé dans le canal du canon et celui de la baguette.

3° Ils recommandent aux hommes d'exercer une pression soutenue sur la queue de la détente lorsqu'ils font feu, afin d'éviter les dégradations qui peuvent résulter de la rencontre de la noix et de la gâchette;

4° De nettoyer le bois, aux environs de la cheminée, avec une pièce grasse, et ne jamais le gratter pour faire disparaître la crasse qui s'y forme pendant le tir;

5° De tenir constamment la vis de culasse bien serrée;

6° Que, sous aucun prétexte, ils ne déculassent eux-mêmes leur fusil (cette opération est faite gratuitement par le maître armurier);

7° De ne point pratiquer de trous dans les bretelles de fusil pour les ajuster, et de ne point raccourcir eux-mêmes leurs buffleteries.

8° Enfin, ils se conforment aux articles 57, 58, 59 et 61 du *Manuel d'armement*, et veillent à ce que les gardes observent toutes les précautions indiquées par le supplément au *Manuel*, pages 150 et suivantes, pour l'infanterie, et 154 et suivantes, pour la cavalerie, qui se trouvent d'ailleurs inscrites dans le tableau du démontage et remontage des armes qui doit être affiché dans toutes les chambrées.

9° Ils rendent compte de leur opération à leur capitaine, en signalant les réparations à faire, le défaut de soin des sous-officiers et gardes et la négligence provenant du fait de l'armurier.

États d'armement.

10° Le 12 de chaque mois, le capitaine commandant transmet au major, par la voie hiérarchique, l'état des réparations à faire à l'armement de sa compagnie ou escadron.

11° Le résultat de la visite des armes est ensuite transmis par le major au lieutenant d'armement, qui prévient les compagnies ou escadrons du jour où les armes devront être apportées chez l'armurier.

12° Aussitôt que les compagnies sont prévenues d'envoyer des armes en réparation, le maréchal des logis chef adapte une étiquette à chacune indiquant le nom de l'homme, le numéro de la compagnie ou de l'escadron, celui de l'arme, ainsi que les réparations à y faire.

Art. 197.

Conformément à la décision du ministre de la guerre, chaque compagnie ou escadron doit être pourvu, en raison d'un vingtième des armes, de cheminées de rechange, qui sont conservées en bon état, pour remplacer, dans un cas pressant, celles qui viendraient à être mises hors de service. Dans ce cas, l'homme auquel appartient l'arme est envoyé, aussitôt que possible, au magasin d'habillement, afin que la dépense soit imputée au compte de qui de droit, et que la cheminée ainsi remplacée soit rendue à la compagnie par l'officier d'armement. Chaque compagnie est également pourvue de douze clefs de cheminée et d'un monte-ressort par escouade. Les clefs de cheminée et les monte-ressorts sont confiés au brigadier de chaque escouade, qui demeure responsable de leur conservation.

Cheminées de rechange, clefs de cheminées, monte-ressorts.

Art. 198.

Les nouveaux admis sont toujours armés dans les quarante-huit heures qui suivent leur arrivée. A cet effet, ils sont conduits au magasin avec un bon indiquant leur nom, prénoms, numéro matricule, et les armes qu'ils doivent recevoir, et qu'ils émargent aussitôt leur réception.

Nouveaux admis.

Art. 199.

1° Lorsque l'ordre en est donné, l'officier d'armement remet aux compagnies et escadrons, sur des bons signés par les capitaines commandants, les cartouches nécessaires pour les exercices à feu et pour le service dans les postes.

Distributions de munitions.

2° Les cartouches pour les exercices à feu sont distribuées aux hommes par le maréchal des logis chef, sous la surveillance de l'officier de semaine, après avoir fait retirer les cartouches à balles des gibernes. Au moment de la prise d'armes, les officiers veillent avec le plus grand soin à ce que toutes les cartouches à balles aient été retirées des gibernes. Les capitaines commandants sont responsables de cette précaution. Ils passent l'inspection des gibernes avant le départ des casernes.

3° Au retour des exercices à feu, le maréchal des logis chef se fait remettre les cartouches qui n'ont point été brûlées; il s'assure, avec le plus grand soin, que toutes ont été restituées. Il se fait remettre également, à la descente de tout service, les balles et la poudre des hommes qui ont été dans le cas de charger leurs armes, ou celles provenant des cartouches avariées. Ces cartouches, balles ou poudre, sont versées au magasin de l'officier d'armement.

Art. 200.

1° Les réparations à la chaussure sont ordonnées par le capitaine commandant. Les bottes à réparer sont envoyées à l'atelier du maître bottier, avec un état indiquant les réparations ordonnées. Elles sont payées par les hommes, par les soins du capitaine commandant.

Réparations à la chaussure.

2º Sous aucun prétexte, on ne doit tolérer que les ouvriers bourgeois s'introduisent dans les casernes pour y vendre des bottes ou y faire des réparations de chaussure aux sous-officiers et gardes.

3º Le capitaine commandant tient la main à ce qu'aucun homme ne se procure de la chaussure ailleurs qu'au magasin du corps.

Art. 201.

Réparations aux chapeaux. 1º Le maître chapelier envoie un de ses ouvriers, au moins une fois par mois, dans les casernes occupées par le corps, pour y recevoir ou rendre les chapeaux qui lui ont été confiés pour les réparer.

A son arrivée, cet ouvrier se présente au maréchal des logis chef, qui examine, en présence des hommes et de l'ouvrier, avec la mesure qui est déposée dans chaque compagnie, si les chapeaux qui ont été réparés ont les dimensions voulues ; dans le cas contraire, il en informe son capitaine, qui prend à l'égard du chapelier toutes les mesures que lui prescrit le chef d'escadron major, auquel il rend compte.

3º Les chapeaux à réparer sont étiquetés et remis à l'ouvrier après que l'inscription en a été faite sur un registre à ce destiné.

4º Le montant des réparations est payé par les hommes, par les soins du capitaine commandant et sur l'acquit du chapelier.

Art. 202.

Réparations d'équipement. 1º Les réparations de schakos, de gibernes et buffleteries, sont faites par les fournisseurs de ces objets, qui seuls possèdent les ustensiles nécessaires à leur confection. Ces effets sont envoyés par le capitaine commandant, dans leurs ateliers, avec des états nominatifs signés de lui, lesquels indiquent exactement les réparations à faire. Chaque objet est étiqueté et porte les mêmes indications. Le montant de ces réparations est payé par les hommes, par les soins du capitaine commandant, sur l'acquit du fournisseur.

2º L'ajustage des buffleteries et du harnachement est fait gratuitement par le fournisseur, d'après les principes prescrits dans cette instruction, et en présence d'un sous-officier.

Art. 203.

Réparations d'habillement. 1º Les réparations d'habillement sont ordonnées par le capitaine commandant ; les effets à réparer sont envoyés à l'atelier du maître tailleur, avec un état nominatif signé par lui. Chaque effet est étiqueté au nom de l'homme, avec indication de la réparation à exécuter. Après leur réparation, les effets sont soumis à l'examen du lieutenant d'habillement.

2º Les réparations faites à l'habillement sont payées sur la solde des hommes, par les soins du capitaine commandant et sur l'acquit du maître tailleur.

3º Un homme, dans chaque compagnie ou escadron, peut être employé pour exécuter les petites réparations. Le prix de ces réparations est fixé par le capitaine commandant, et payé, par ses soins, sur la solde des hommes. L'ouvrier tailleur n'est dispensé d'aucun service ; mais il est autorisé à se faire remplacer, dans son service, par un de ses camarades, moyennant la rétribution réglementaire.

CHAPITRE IX.

Registres et comptabilité.

Art. 204.

1° La nomenclature des différents registres en usage dans les compagnies et escadrons est établie ainsi qu'il suit : *Registres de comptabilité.*

N°⁵ 1. Registre matricule;
    2. Livre de détail;
    3. Registre des bordereaux de solde;
    4. Contrôle signalétique des chevaux;
    5. Registre des modèles d'états (1ʳᵉ partie), des décisions de principe et ordres relatifs à l'administration (2ᵉ partie);
    6. Registre des comptes courants avec le magasin d'habillement;
    7. Registre d'armement (1ʳᵉ partie), des munitions (2ᵉ partie);
    8. Registre d'analyse des procès-verbaux (1ʳᵉ partie), signalements des déserteurs (2ᵉ partie);
    9. Registre des ordres du corps et de la place;
    10. Registre de punitions;
    11. Livret d'ordinaire;
    12. Registre du service journalier des sous-officiers de semaine;
    13. Carnet des décisions;
    14. Instruction sur le service journalier de la garde républicaine.

Chacun de ces registres portera sur la couverture une étiquette, en forme d'écusson, indiquant sa nature, le numéro qui lui est affecté dans la série, celui du bataillon, de la compagnie ou de l'escadron.

Art. 205.

1° Toutes les mutations des hommes quittant la compagnie ou l'escadron sont inscrites exactement sur le registre matricule, avec indication, pour ceux qui quittent le service, du lieu où ils veulent se retirer et de leur adresse. *Registre matricule.*

2° Lorsqu'un homme quitte la compagnie pour passer dans une autre compagnie ou escadron, son folio matricule est adressé au commandant de sa nouvelle compagnie; s'il quitte le corps, il est remis au colonel pour être classé au dossier de l'homme.

Art. 206.

1° Ce registre comprend les enregistrements suivants : *Livre de détail.*

1° La situation journalière pour ce qui a trait à la solde;
2° Le contrôle annuel des hommes;
3° Les comptes ouverts;
4° L'enregistrement des feuilles de solde;
5° L'enregistrement des fournitures extraordinaires;
6° L'enregistrement des retenues faites aux permissionnaires, travailleurs et hommes punis;
7° L'enregistrement nominatif des masses venues ou passées à d'autres corps, indemnité pour perte ou détérioration d'effets, décompte définitif ou excédant de masse payé;

8° L'enregistrement des recettes et dépenses imprévues portées au titre des compagnies ou escadrons, que les maréchaux des logis chefs relèvent une fois par semaine au bureau du trésorier;

9° L'enregistrement de la situation de la literie et du mobilier des casernes.

Situation journalière. 2° La situation est établie, chaque matin, d'après les mutations survenues pendant la journée précédente, pour tout ce qui a trait à la solde seulement.

Les mutations sont inscrites nominativement à la suite les unes des autres, sans s'attacher à les faire correspondre avec les lignes des dates.

Contrôle annuel. 3° Toutes les mutations des militaires qui changent de position sont inscrites sur le contrôle annuel. Quand un homme quitte la compagnie ou l'escadron, on tire une barre diagonale sur son nom, partant de l'angle gauche du haut de la case à colui de droite du bas. on tire également des barres diagonales dans les cases blanches qui suivent celle où la dernière mutation est portée, et l'on procède de même pour les cases afférentes aux trimestres antérieurs à l'inscription de l'homme sur le contrôle.

Comptes ouverts. 4° Les comptes ouverts doivent être tenus constamment à jour; l'enregistrement des effets reçus par les hommes doit être, fait en leur présence, à leur compte ouvert, ainsi que sur leur livret. La retenue mensuelle opérée sur la solde au profit de la masse est inscrite à la fin de chaque mois; il en est de même des versements volontaires.

5° Les comptes ouverts de tous les hommes qui figurent au contrôle annuel sont réglés et arrêtés, à la date du premier jour de chaque trimestre, sur leurs livrets et à leurs comptes ouverts, et lorsqu'ils entrent dans une position d'absence ou qu'ils cessent d'appartenir à la compagnie ou à l'escadron.

6° L'arrêté de compte est fait en chiffres et signé par le capitaine et par chaque militaire ; mais, dans le cas de rature, surcharge ou rectification après réglement de compte, l'arrêté est répété en toutes lettres et signé de la même manière.

Feuilles de solde. 7° Les feuilles de solde sont inscrites sommairement par nature de perception; il en est de même pour les fournitures extraordinaires qui pourraient être faites aux compagnies et escadrons.

Retenues aux travailleurs et permissionnaires. 8° L'enregistrement des retenues faites aux permissionnaires, travailleurs et hommes punis, doit être tenu constamment à jour, d'après un contrôle nominatif établi pour cet objet. On se conforme, pour ces retenues, à ce qui est prescrit à l'article *Ordinaires* de la présente instruction.

Literie et mobilier des chambrées. 9° Tous les trimestres, le capitaine commandant adresse au major une situation de la literie et du mobilier de sa compagnie ou escadron, conforme au modèle adopté à cet effet.

10° Au départ de tout homme faisant mutation, sa fourniture de literie doit être vérifiée, et l'imputation pour réparations ou dégradations constatées est faite immédiatement, nulle imputation de cette nature ne pouvant être faite aux hommes absents, morts ou en convalescence.

11° L'état du mobilier des chambrées de la compagnie ou de l'escadron est établi à la suite de la situation de la literie.

ART. 207.

Registre des bordereaux de solde. 1° Le contrôle des hommes de chaque compagnie et escadron doit être établi, sur le registre des bordereaux de solde, aussitôt que la solde précédente a été faite, afin que les hommes qui éprouvent une mutation d'absence dans l'intervalle d'une solde à l'autre puissent émarger et recevoir la solde qui leur revient, laquelle, en cas de besoin, peut être avancée par la compagnie.

2° Toutes les retenues d'argent, sans exception, doivent figurer dans les différentes colonnes disposées à cet effet, afin que la somme que reçoit le militaire soit identique à celle portée dans la dernière sous le titre de *Restant à payer*, et que le montant des retenues mensuelles réglementaires concorde avec le chiffre porté au tableau trimestriel de la situation de la masse individuelle.

ART. 208.

Le contrôle signalétique des chevaux est renouvelé, comme le contrôle annuel, le 1er janvier de chaque année. Toutes les mutations des chevaux y sont inscrites aussitôt qu'elles surviennent.

Contrôle signalétique des chevaux.

ART. 209.

1° Tous les modèles d'états nécessaires aux compagnies et escadrons sont donnés par le major et sont transcrits sur le registre à ce destiné. Sous aucun prétexte, les comptables ne doivent faire de changements aux états dont ils ont le modèle sans l'approbation du major, qui donne l'ordre des modifications demandées s'il reconnaît qu'elles sont fondées.

Registre des modèles d'états, circulaires et ordres concernant l'administration.

2° Sur la deuxième partie de ce registre, on inscrira les décisions de principe ou ordres relatifs à l'administration qui pourraient survenir et modifier les divers articles du présent réglement.

ART. 210.

1° Le registre de compte ouvert avec le magasin d'habillement sert à inscrire les effets de toute nature reçus par la compagnie ou escadron. Il doit toujours être en concordance avec celui du magasin; il est arrêté tous les mois, et présente le montant en argent des effets; enfin, il sert à l'établissement des bons mensuels et des états de dépenses du trimestre.

Registre du compte ouvert avec le magasin d'habillement.

2° Afin de rendre la vérification plus prompte et plus facile, ce registre doit paginer avec celui du magasin. En conséquence, il doit contenir de cinquante à cinquante-deux lignes par page.

3° Les effets neufs et ceux remis en service, reçus du magasin, y sont portés sommairement par mois.

ART. 211.

1° Tous les militaires de la compagnie ou de l'escadron figurent par grade sur ce registre. Les nouveaux admis n'y sont ajoutés que du jour où ils sont armés, afin que l'effectif des armes soit toujours en rapport avec celui des hommes qui y figurent.

Registre d'armement et de munitions.

2° Sur la deuxième partie de ce registre figurent les munitions délivrées à la compagnie ou à l'escadron.

3° Le commandant de compagnie ou d'escadron reste dépositaire et comptable des munitions qui lui sont délivrées. A cet effet, il fait inscrire exactement sur ce registre toutes celles qu'il reçoit de l'officier d'armement, celles qui ont été consommées, celles qui sont versées en magasin, enfin celles qui restent à sa disposition.

4° Le registre des munitions est arrêté le 1er janvier de chaque année, et doit concorder avec celui tenu par l'officier d'armement, qui est chargé de le vérifier.

ART. 212.

1° Les feuilles de solde sont établies et remises au bureau du trésorier le 1er de chaque mois, à huit heures du matin ; la solde est faite ensuite aux jour et heure indiqués par le rapport aux commandants de compagnie et d'escadrons.

2° La haute-paye pour ancienneté est comprise sur la feuille de solde et payée ainsi qu'il suit :

Aux sous-officiers ....
à 7 ans de service révolus, à raison de 15 c. par jour.			
à 11	id.	20	id.
à 15	id.	25	id.

Aux brigadiers et gardes
à 7 ans de service révolus, à raison de 12 c. par jour.			
à 11	id.	15	id.
à 15	id.	20	id.

ART. 213.

1° Le capitaine commandant adresse au trésorier, pour les militaires passant à d'autres corps, trois expéditions de l'extrait du compte ouvert, sur lesquelles l'*avoir* ne doit figurer que pour 35 fr. lorsque l'homme passe dans un régiment d'infanterie de ligne, et 55 fr. lorsqu'il rentre dans la cavalerie ; s'il est admis dans la gendarmerie à pied, l'*avoir* est de 150 fr., et 300 fr. s'il est nommé gendarme à cheval. Dans tous les cas, s'il y a un excédant à ces diverses fixations, les hommes peuvent le toucher avant leur départ.

2° Lorsqu'un homme quitte la compagnie, on tire une barre diagonale, sur les pages de ses comptes, partant de l'angle gauche du haut à celui de droite du bas.

3° L'état des masses des hommes venus ou passés à d'autres compagnies du corps est établi au dernier jour du trimestre, et remis au bureau du trésorier le 1er du mois qui suit le trimestre échu.

ART. 214.

1° Aussitôt que les compagnies ou escadrons sont prévenus qu'un militaire doit être congédié, le capitaine commandant fait parvenir au bureau du trésorier une note indiquant le lieu où l'homme se retire, son adresse et le jour de son départ ; il adresse au même bureau un extrait de compte et un bon de masse signé par lui.

2° Aucune pièce de dépense ne doit être datée par les compagnies et escadrons.

ART. 215.

1° Les hommes en jugement pour tout autre cas que la désertion reçoivent, conformément au tarif ministériel du 4 août 1849, la demi-solde pendant tout le temps de leur détention. Lorsqu'ils sont acquittés, on leur fait le rappel de l'autre moitié de leur solde.

2° Les journées de gîtes et de geôles des militaires détenus disciplinairement sont retenues aux hommes et payées par le capitaine commandant, aux concierges des prisons, aussitôt la rentrée des militaires à leur compagnie ou escadron.

ART. 216.

Tous les militaires qui s'absentent sans permission au-delà de quarante—

huit heures sont portés en mutation, et cessent d'être compris, pour là solde et accessoires, du lendemain de leur disparition, et ne rentrent en possession de la solde de présence que du lendemain de leur rentrée au corps ; ce qui est constaté par un certificat du capitaine, visé par le major et le sous-intendant militaire.

Art. 217.

1° Le complet de masse de chaque militaire est fixé ainsi qu'il suit :
Pour chaque homme d'infanterie et cavalier non monté......... 150 fr.
Pour chaque cavalier monté............................ 300

Masse, complet pour les deux armes,

2° L'excédant de masse est payé trimestriellement par le trésorier aux capitaines commandants, sur états nominatifs, aussitôt que la feuille de décompte a été vérifiée, mais seulement pour les hommes qui sont alors présents, et quelles que soient les imputations dont ils peuvent être devenus passibles depuis le premier jour du trimestre.

Art. 218.

Les bordereaux des reconnaissances d'argent reçu par les sous-officiers et gardes sont établis en double expédition, dont l'une est remise au chef du bureau du trésorier, faisant fonctions de vaguemestre, et l'autre reste à la compagnie, après que ce sous-officier en a donné reçu en y apposant sa signature. Les reconnaissances sont payées aux hommes au bureau du trésorier, tous les jeudis, de midi à quatre heures. Les capitaines commandants en sont prévenus par la voie du rapport.

Bordereau des reconnaissances d'argent.

Art. 219.

1° Les appointements des officiers sont payés au bureau du trésorier aux jour et heures indiqués au rapport.

Appointements des officiers.

2° Lorsque des officiers s'absentent par permission au-dessus de huit jours, ou pour tout autre motif entraînant mutation, ils doivent toucher leurs appointements jusqu'au jour de leur départ exclusivement, et signer leur arrêté de compte.

Art. 220.

Le conseil d'administration administre la masse des fumiers. Il passe, chaque année, des marchés, qui sont ensuite soumis à l'approbation du sous-intendant militaire, pour la vente des fumiers des chevaux de troupe. Sur le produit de cette masse sont prélevés :

Masse des fumiers.

1° Le prix de l'abonnement du ferrage des escadrons pour les chevaux de troupe;
2° Les frais occasionnés par le renouvellement et l'entretien des ustensiles d'écurie;
3° Le remplacement des bâts-flancs pour le barrage des chevaux ;
4° Les frais occasionnés pour prix des médicaments nécessaires aux chevaux malades.

Si la masse des fumiers se trouve insuffisante pour faire face à ces différentes dépenses, le colonel prescrit une retenue, sur la solde des cavaliers, pour pourvoir au ferrage total ou partiel de leurs chevaux.

Art. 221.

1° Le prix du ferrage des chevaux d'officiers est fixé ainsi qu'il suit :
Par abonnement au mois, 2 fr.;

Ferrage des chevaux.

Pour ferrure à volonté, 75 c. par fer.

2° L'abonnement, pour le ferrage des chevaux de troupe, est fixé à 5 c. 3/9es pour les mois de décembre, janvier et février, et à 5 c. pour les autres mois de l'année.

ART. 222.

Chevaux de re-
monte; indemnité
de remonte.

1° Conformément aux dispositions de l'ordonnance du 30 avril 1841, modifiée par la circulaire ministérielle du 30 novembre 1849, les lieutenants et sous-lieutenants de cavalerie, et le vétérinaire en premier de la garde républicaine, ont droit, sous les conditions et dans les circonstances déterminées ci-après, à une indemnité équivalente au prix d'achat de leur monture, qui, dans tous les cas, ne peut excéder 900 fr.

2° Lorsqu'il y a lieu d'accorder à un officier une indemnité de première monture, le conseil d'administration adresse au ministre de la guerre, par l'intermédiaire du sous-intendant militaire, un état de proposition, en simple expédition, accompagné d'un procès-verbal d'acquisition.

3° Lorsqu'un officier du grade ci-dessus désigné doit pourvoir au remplacement de son cheval, il reçoit une indemnité équivalente au prix d'achat de sa nouvelle remonte, qui, dans aucun cas, ne peut s'élever à plus de 900 fr., quel que soit le prix du cheval et les réductions dont cette indemnité peut être passible.

4° Aucun cheval n'est admis, s'il n'est âgé de cinq ans au moins et de huit ans au plus, et de la taille de 1 mètre 515 millimètres à 1 mètre 542 millimètres. La durée légale est fixée à sept ans.

5° Le sous-officier promu au grade d'officier reçoit, s'il n'est pas monté, ou si le cheval dont il est pourvu est réformé comme impropre à monter convenablement un officier et à faire un bon service, une indemnité de première monture égale au prix du cheval dont il aura été autorisé à faire l'achat. Le sous-officier qui sera pourvu d'un cheval au moment de sa promotion recevra une indemnité équivalente à l'estimation qui sera faite de ce cheval. L'indemnité ne pourra jamais s'élever au-dessus de 900 fr.

6° Le lieutenant d'un des corps de l'armée qui est admis dans la cavalerie du corps obtient la même indemnité que le sous-officier promu.

7° L'État supplée à la perte du cheval lorsqu'elle ne peut être imputée à l'officier. Dans le cas contraire, l'officier est tenu de concourir aux frais de remplacement. Il subit, à cet effet, des retenues mensuelles dont la somme totale équivaut à autant de fois la septième partie du prix de la remonte qu'il restait d'années à parcourir pour arriver au terme de la durée légale du cheval. Toutefois, le prix de la vente du cheval ou de sa dépouille est déduit de la somme laissée à la charge de l'officier.

8° L'officier qui a conservé son cheval en état de faire un bon service après sept ans révolus peut recevoir, à titre de gratification, pour chaque année en plus, une prime équivalente à la moitié de la somme annuellement versée au fonds de remonte. La somme versée annuellement au fonds de remonte, pour chaque officier monté, est de 130 francs.

9° Lorsqu'un officier est mis en non activité par suppression d'emploi, licenciement de corps, infirmités temporaires ou incurables; lorsqu'il est admis à la retraite ou vient à décéder, le cheval dont il est pourvu devient sa propriété, s'il a atteint sa septième année de service.

10° Lorsqu'un officier est destitué, mis en non activité par retrait d'emploi, suspension d'emploi; en réforme par mesure de discipline ou démissionnaire, le cheval dont il est pourvu, s'il n'a pas accompli sa septième année de service, est livré à un officier ayant droit à une première monture ou à un remplacement. A défaut, il est procédé à la vente ou livré à un sous-officier, brigadier ou garde, s'il est reconnu susceptible de faire un bon service. Dans ces deux derniers cas, le prix de la vente est versé aux fonds de l'abonnement. Il en est de même de tout cheval d'officier qui se trouve dans l'un des cas prévus par le § 9, lorsque le cheval n'a pas accompli sa septième année de service.

11° Le lieutenant promu au grade de capitaine conserve, comme étant sa propriété absolue, le cheval dont il est pourvu, quel que soit le nombre d'années de service.

Art. 223.

Conformément aux articles 281, 282, 284 et 286 de l'ordonnance du 29 octobre 1820, les officiers de cavalerie et capitaines d'infanterie doivent présenter au conseil d'administration les chevaux qu'ils sont dans l'intention d'acheter, et dont l'admission ne peut être autorisée que lorqu'ils ont été reconnus propres à un bon service, qu'ils sont bien tournés et de taille convenable comme chevaux d'escadron. Dans aucun cas, ils ne peuvent vendre ou échanger leurs chevaux sans l'autorisation du colonel. *Achat de chevaux d'officiers.*

Art. 224.

Lorsque, dans l'intervalle d'une inspection à l'autre, et pour des motifs urgents, un cheval de troupe est dans le cas d'être proposé pour la réforme, la demande en est faite, par la voie hiérarchique, au colonel, qui seul a le droit de prononcer la réforme, conformément à l'article 286 de l'ordonnance du 29 octobre 1820 sur la gendarmerie. Si le cheval est réformé, il est conduit au marché aux chevaux pour y être vendu par les soins du commissaire-priseur délégué par le conseil d'administration. Le prix de la vente du cheval est versé par le commissaire-priseur entre les mains du trésorier du corps. Aussitôt la vente d'un cheval réformé, le capitaine de l'escadron adresse au colonel un bulletin indiquant le prix de la vente du cheval. *Chevaux réformés.*

Art. 225.

1° Immédiatement après la mort d'un cheval, le vétérinaire en premier procède à son autopsie, et adresse au colonel le procès-verbal détaillé de cette opération, en indiquant la cause de la mort. L'adjudant-major de cavalerie y assiste comme capitaine instructeur. *Cheval mort: son autopsie.*

2° Le sous-intendant militaire dresse procès-verbal de la perte dans les cinq jours de l'événement.

3° Lorsqu'un cheval est blessé dans un service commandé, soit par suite de chute ou toute autre cause, le capitaine commandant fait dresser par le chef du détachement un procès-verbal constatant l'accident, auquel il joint un certificat de l'artiste vétérinaire en premier constatant l'état de la blessure. Ces deux pièces sont adressées au colonel pour être déposées au dossier de l'homme, afin d'y avoir recours en cas de besoin. Ces deux pièces sont fournies en double expédition. *Cheval blessé dans un service commandé.*

Art. 226.

Aussitôt qu'un capitaine commandant a connaissance du décès d'un de ses hommes, il se conforme aux dispositions suivantes : *Décès d'un militaire du corps.*

1º Il fait parvenir au trésorier, dans le plus bref délai possible, l'extrait de compte de ce militaire en triple expédition, sur lesquelles figurent les versements de deniers à l'hôpital, de rappel de solde, de convalescence, congé; etc., le bon de masse signé par lui, l'extrait mortuaire, s'il lui est parvenu, et une note indiquant les renseignements qu'il a recueillis sur les parents ou connaissances du défunt.

2º Dans le cas où ce militaire serait décédé à la caserne, ou à proximité, par suite de mort violente, imprévue, ou inexpliquée, il fait constater le décès par le commissaire de police du quartier, et en fait la déclaration à la mairie de l'arrondissement; il prescrit le transport du cadavre dans un hôpital militaire, conformément à la circulaire ministérielle du 5 novembre 1843, où les frais de transport sont acquittés par l'officier d'administration comptable de cet hôpital, il adresse ensuite un rapport circonstancié au colonel, sur les causes de la mort, il y joint l'extrait mortuaire du militaire et une expédition du procès-verbal du commissaire de police.

ART. 227.

Hommes bles- | Aussitôt que, dans l'exercice de ses fonctions, un homme reçoit une blessure
 sés dans le service. | ou contusion, ou qu'il fait une chute grave, le commandant de la compagnie ou de l'escadron fait dresser un procès-verbal circonstancié, par le commandant du détachement ou du poste dont l'homme faisait partie, ou par l'homme lui-même, s'il n'était point sous l'autorité d'un chef; il y joint un certificat du chirurgien constatant la gravité de la blessure. Ces deux pièces, établies en double expédition, sont adressées hiérarchiquement au colonel pour être déposées au dossier de l'homme, afin d'y avoir recours au besoin.

ART. 228.

Registre d'ana- | 1º L'analyse des procès-verbaux, sans être trop étendue, doit cependant
lyse de procès-ver- | faire connaître les nom, prénoms, profession et domicile des personnes, ainsi
baux; signalemens | que les faits, qui en font l'objet. Conséquemment, on ne doit jamais se contenter
des déserteurs. | de copier l'analyse qu'on trouve en marge des procès-verbaux; mais on doit exiger que les hommes en donnent de très-explicatives lorsqu'ils les remettent au maréchal des logis chef.

2º Tous les procès-verbaux doivent être rédigés dans les vingt-quatre heures et analysés sur le registre à ce destiné. Ils sont vérifiés avec soin et visés par le capitaine commandant avant de les adresser au colonel, auquel ils doivent parvenir avec la situation journalière, et à une heure, par la voie du maréchal des logis chef de semaine, pour ceux rédigés par les hommes descendant la garde.

La série des numéros d'ordre des procès-verbaux est renouvelée le premier jour de chaque semestre.

On se conforme, pour les déserteurs du corps, aux prescriptions contenues dans l'instruction municipale. Le signalement des déserteurs et insoumis de l'armée, transmis par les autorités pour les faire rechercher par les militaires du corps, est inscrit sur la deuxième partie de ce registre, et affiché, en outre, dans chaque compagnie ou escadron, dans un lieu où les sous-officiers et gardes puissent en prendre connaissance.

ART. 229.

Registre d'ordres. | 1º Les livres d'ordres seront renouvelés le 1er janvier de chaque année. Les anciens livres d'ordres sont déposés aux archives des compagnies ou escadrons, pour y avoir recours au besoin.

2º La série des numéros commence le 1ᵉʳ janvier de chaque année pour les ordres du corps, de la place et de la division.

3º Les premier et deuxième feuillets sont consacrés à l'établissement de la table analytique des ordres du corps; les deux derniers, à celle des ordres de la place et de la division. Cette table comprendra quatre colonnes : 1º numéro de l'ordre; 2º numéro du folio; 3º date de l'ordre; 4º analyse de l'ordre.

4º Le premier ordre du corps sera inscrit sur le recto du troisième feuillet; le premier ordre de la place ou de la division, sur le recto du troisième avant-dernier feuillet.

5º Les livres d'ordres doivent être tenus avec régularité et propreté; la transcription doit être correcte et très-lisible. Chaque feuillet sera rempli jusqu'à la dernière ligne, sans laisser aucun intervalle en blanc.

6º Le numéro de chaque ordre sera inscrit en marge, sur la même ligne que la date. La date figurera entre deux tirets égaux à l'encre; ces tirets devront être de même longueur et correspondre exactement sur chaque feuillet du livre.

7º Les analyses des ordres seront inscrites en marge, la première ligne de l'analyse correspondant à la première ligne du corps de l'ordre.

8º Les officiers signeront le livre d'ordres dans la marge, sans étendre leur paraphe, et sur la première ligne qui suit immédiatement l'analyse.

9º L'adjudant-major chargé de la direction du service dictera lui-même les ordres aux maréchaux des logis chefs, réunis à une heure à l'état-major du corps; les adjudants les dicteront eux-mêmes aux fourriers au retour des maréchaux des logis chefs dans les casernes. Après la dictée, les ordres et analyses seront collationnés avec soin.

10º Aussitôt la dictée et le collationnement terminés dans les casernes, les adjudants communiqueront l'ordre aux officiers d'état-major de leur caserne; les fourriers le communiqueront aux officiers de leur compagnie; l'adjudant attaché au bureau du service, à l'état-major, le communiquera au major et au trésorier. Le secrétaire du colonel l'inscrira sur le livre particulier du colonel, et l'adjudant major, chargé de la direction du service, sur le livre d'ordres du corps.

11º Les capitaines commandants de compagnie ou d'escadron sont responsables de la bonne tenue de leur registre d'ordres. La tenue des livres d'ordres est vérifiée tous les mois par les chefs d'escadrons, dans leur bataillon, ou escadrons respectifs.

ART. 230.

1º Le registre de punitions sera tenu correctement et lisiblement, et toujours à jour, c'est-à-dire que les punitions doivent être inscrites le jour où elles sont infligées. *Registre de punitions.*

2º Les folios du registre devront être de la même dimension et classés en commençant par le numéro matricule le moins élevé, sans avoir égard au grade du militaire.

3º Les punitions de consigne ne figurent sur le registre que lorsqu'elles dépassent deux jours; toutes les punitions de salle de police ou prison figurent sur le registre.

4º Lorsqu'une punition est augmentée, le chiffre de l'augmentation est porté au-dessous de celui de la première punition.

5º Si la punition est changée de nature, le chiffre de la nouvelle punition est porté dans la colonne à ce destinée, et l'on passe une petite barre transversale sur celui de la première punition.

6° Si, au contraire, la punition est annulée, elle est biffée au moyen d'un trait horizontal, et l'on inscrit en regard la date de la décision qui l'annule.

7° Lorsqu'un homme est seulement gracié, la punition doit figurer sur le registre, à moins d'ordre contraire.

8° Le numéro matricule doit être inscrit au-dessous de l'indication *Numéro matricule* imprimée ; le nom de l'homme, écrit en bâtarde, figurera à droite de cette indication, sur une première ligne ; au-dessous, et sur une seconde ligne, figureront ses prénoms en petits caractères. La première ligne de la seconde colonne de l'en-tête du folio sera remplie par la date de l'arrivée au corps ; au-dessous, et sur une seconde ligne, l'on inscrira le grade du militaire, avec la date de la nomination.

9° Le millésime de l'année sera inscrit au milieu du folio. Le dernier jour de décembre de chaque année, toutes les colonnes du folio seront totalisées et arrêtées, et le millésime de l'année suivante sera inscrit sur la même ligne que ces totaux.

10° La table alphabétique des militaires de la compagnie ou de l'escadron sera établie, à la fin de chaque registre de punitions, sur l'imprimé à ce destiné, avec le numéro du folio en regard de chaque nom.

11° Tous les trois mois, le maréchal des logis chef fait signer le livre de punitions par les hommes qui en ont subi. La signature, ainsi que la date, s'apposent sur la même ligne que la dernière punition.

12° Aussitôt qu'un homme change de compagnie, sa feuille de punitions est immédiatement envoyée à sa nouvelle compagnie ; s'il quitte le corps, elle est adressée au colonel, pour être jointe à son dossier, après que la mutation a été portée dessus, en indiquant l'endroit où l'homme se retire, et son adresse. Elle est signée par le commandant de la compagnie.

13° Les capitaines commandants sont responsables de la bonne tenue de leur registre de punitions ; la tenue des registres de punitions est vérifiée, tous les mois par les chefs d'escadrons, dans leur bataillon ou escadrons respectifs.

ART. 231.

Livret d'ordinaire.

On se conforme, pour la tenue et la vérification du livre d'ordinaire, aux prescriptions indiquées à l'article *Ordinaire* de cette instruction. La tenue des livres d'ordinaire est vérifiée tous les mois, par les chefs d'escadrons, dans leur bataillon ou escadrons respectifs.

ART. 232.

Registre du service journalier.

Le registre du service journalier est tenu par le maréchal des logis de semaine. Il inscrit tous les jours, sur ce registre, les décisions concernant le service de la compagnie ou de l'escadron, le nom des hommes de service, celui des hommes punis, des permissionnaires et exempts de service par le chirurgien. Ce registre est signé tous les jours, à la parade, par l'officier de semaine. L'officier supérieur de semaine vérifie la tenue de ce registre dans les compagnies et escadrons ; ces registres sont renouvelés chaque semestre et conservés aux archives des compagnies et escadrons.

ART. 233.

Carnet de décisions.

Chaque adjudant et chaque compagnie et escadron sont pourvus d'un carnet du modèle adopté par le corps.

Toutes les décisions données par le colonel au rapport du matin et à une heure, ainsi que tous les services commandés par l'état-major, sont inscrits sur ce carnet, qui doit être tenu proprement et constamment à jour. Le carnet est communiqué tous les jours, après chaque rapport, au capitaine de police et aux officiers d'état-major de la caserne, par l'adjudant ; au capitaine commandant, par le maréchal des logis chef, et aux lieutenants par le maréchal des logis de semaine. Ces officiers doivent signer le carnet après le rapport du matin, afin de justifier qu'ils ont eu connaissance des décisions concernant le service, les carnets sont conservés aux archives des compagnies et escadrons.

ART. 234.

La situation journalière servant à l'établissement du rapport général du corps sera remplie de la manière suivante :

Situation journalière ; son établissement pour le rapport général.

1° Les hommes en congé, à l'hôpital, aux eaux, en convalescence, en désertion, en jugement ou détention, déclarés en fuite, sont portés dans les colonnes des absents.

2° Les hommes en permission d'un à huit jours, à la prison ou salle de police, à la maison de justice militaire, pour punition disciplinaire; les malades à la chambre, maréchaux-ferrants, les hommes non habillés, ceux manquant aux appels pendant quarante-huit heures, ceux placés en subsistance dans d'autres compagnies, enfin ceux de garde et de piquet, sont portés dans les colonnes des présents non disponibles.

3° La colonne des présents sous les armes ne doit comprendre que les hommes disponibles pour prendre les armes.

4° Les officiers malades ou absents sont portés nominativement sur la situation journalière pendant tout le temps de leur absence ou maladie, en indiquant chaque jour au verso, dans la colonne d'observations, la date de leur absence.

5° Les demandes de permission de trois à huit jours, les punitions, mutations, et, en général, toutes les demandes concernant le service intérieur et administratif des compagnies et escadrons, figurent sur la situation.

6° Tout homme manquant aux appels est porté pendant quarante-huit heures sur la situation journalière, en indiquant la date de son absence. Le troisième jour, il figure dans la colonne des absents et fait mutation. Le neuvième jour inclusivement, s'il est tenu au service, il est déclaré déserteur et figure dans la colonne : *En désertion.*

S'il n'est pas tenu au service et qu'il redoive à la masse, ou que sa disparition soit accompagnée de circonstances aggravantes, il est déclaré en fuite. Dans ces deux cas, s'il est ramené au corps, le capitaine adresse au colonel, par la voie hiérarchique, une plainte à laquelle il joint le relevé de punitions, l'extrait de compte de l'homme et l'état des témoins de la désertion. Ces trois pièces sont établies en double expédition.

Si l'homme n'est pas tenu au service et qu'il ne doive rien à sa masse, le capitaine adressera au colonel, par la même voie, une demande pour que ce militaire soit rayé purement et simplement des contrôles, et renvoyé du corps sans congé ni certificat.

Cette demande est accompagnée du relevé de punitions et de l'extrait de compte de l'homme, en simple expédition.

7° A toutes les punitions d'un homme, on indique s'il est candidat, s'il est bon sujet; et s'il est puni pour ivresse, on mentionne le nombre de fois qu'il s'est enivré, et l'on ajoute ses prénoms et son numéro matricule.

8° Pour toute demande de permission, le capitaine indique, sur sa situation, le nombre d'hommes de sa compagnie ou de son escadron qui sont déjà en permission. Lorsqu'un homme entre à l'hôpital pour maladie vénérienne ou cutanée, le capitaine indique, sur sa situation journalière, s'il a déclaré ou non sa maladie et le nom de la femme qui la lui a transmise.

9° On mentionne sur la situation journalière les militaires assignés devant les tribunaux civils et militaires. Toutes les pièces adressées au colonel sont jointes à la situation journalière.

10° Les différentes colonnes de la situation indiquant l'effectif des chevaux disponibles, non disponibles, excédant ou manquant au complet, seront remplies avec soin. Les chevaux indisponibles à l'écurie ne doivent point figurer dans la colonne des chevaux à l'infirmerie.

11° Toutes les mutations des chevaux doivent figurer sur la situation journalière.

TABLE

Des Chapitres contenus dans la présente Instruction.

13

TABLE ALPHABÉTIQUE DES MATIÈRES.

14

ERRATA.

Art. 31, § 1er, lisez : *les hommes rentrant de permission au-dessus de deux jours hors Paris.*

Art. 31, § 5, lisez : *les hommes partant en permission au-dessus de deux jours hors Paris.*

Art. 32, ajoutez au § 2 : *Chaque fois que la cavalerie se rend au Champ-de-Mars pour la manœuvre, l'un des vétérinaires, à tour de rôle, y assiste.*

Art. 83, § 1er, lisez : *ou rentrant de permission au-dessus de deux jours hors Paris.*

Art. 84, § 6, lisez : *par l'officier de l'escadron, lorsqu'il y a au moins deux officiers présents à l'escadron. Dans le cas où il n'y a qu'un officier présent, le pansage et la promenade des chevaux sont présidés par le maréchal des logis chef.*

Art. 105, § 3, lisez : *deux heures avant l'appel du soir.*

Art. 118, § 8, lisez : *fait prendre une arme à celui qui récite.*

Art. 144, § 1er, lisez : *de manière à ce que le dessus du coffret.*

LÉAUTEY, imprimeur de la Garde républicaine, rue Saint-Guillaume, 21.

www.ingramcontent.com/pod-product-compliance
Lightning Source LLC
Chambersburg PA
CBHW071220200326
41519CB00018B/5606